機械学習の本

北村　拓也 [著]

電気書院

[本書の正誤に関するお問い合せ方法は，最終ページをご覧ください]

はじめに

近年テレビのコマーシャルなどでよく「人工知能搭載━━」といった商品などがよく見受けられる．人工知能搭載自動販売機まであるくらいだ．「人工知能」という言葉を知らない人はほとんどいないのではないだろうか？　一方，「機械学習」という言葉はまだまだ広く認知されていない．聞いたことがある方でも「機械学習＝人工知能」と勘違いしている方も少なくない．また，機械学習に関する研究をしていると話すと「何か機械を開発しているんですか？」と聞かれることもある．

私は大学4年生のときに配属された研究室にて，機械学習に関する研究を開始してから早10年が経っている．近年，第3次人工知能ブームと共に深層学習（ディープラーニング）を筆頭として機械学習という言葉もニュースなどでよく耳にするが，私が機械学習研究を始める前は，「人工知能」という言葉は聞いたことはあったが，「機械学習」という言葉は聞いたこともなかった．その研究室を志望した理由は，機械学習研究に興味があったというわけでなく，当時の研究室の教授の講義（制御工学）が好きだったからだ．それが今や研究にのめり込み，機械学習研究を仕事としている．1つの講義が私の進路を決めたといって過言ではないだろう．私を機械学習研究に導いてくれた当時の教授には，感謝の言葉しかない．

機械学習は人工知能技術の機能のひとつで，イコールではない．機械学習研究は20世紀前半より行われており，複数回ある人工知能ブームと共に活発的に行われてきた．一方，ブームがあると同時に毎度冬の時代が訪れ，20世紀中は今ほど実用化されていなかった．

21世紀に入り，計算機性能の向上と深層学習アルゴリズムの確立により，実用性が高まり，現在再びブームが到来しているといえるだろう．しかしながら前述にあるように，いまいち機械学習とは何なのかということを理解している方々は少ないのが現状である．また，「興味はあるが，よくわからない」や「数学が苦手でやりたいけど，一歩踏み出せない」という方は少なくないのではないだろうか．本書は，そういった方々に少しでも理解してもらえることを考えながら，執筆に努めました．

　本書は，機械学習の定義から専門的な内容，将来展望までを把握するために，1編に機械学習の定義や歴史などについて，2編に代表的な学習手法などを含めた専門的な内容について，3編に機械学習に必要不可欠となるハード部分についてや2編の内容を用いた応用例や将来的にどういったものに活用されていくかなどの内容をまとめている．数学的要素を可能な限り必要としない専門書とすることを目的としていたため，数学的知識はできる限り省略しているが，学習アルゴリズムなどの説明において数式が複数あることをあらかじめご容赦いただきたい．

　本書が，機械学習研究実施に踏み出すきっかけになり，また機械学習研究の入門書として参考になれば，幸いである．

　最後に，本書の企画，出版に当たり多大なご支援をいただいた㈱電気書院　近藤知之様，図などの作成において，手伝いをしていただいた富山高等専門学校エコデザイン工学専攻　江渕文人様，丸山柊近様をはじめ関係者の皆様に深く感謝いたします．

2018年7月　著者記す

はじめに——*iii*

1 機械学習ってなあに

1.1 機械学習を知る——*1*

1.2 機械学習って何ができるの?——*4*

1.3 AIと機械学習の歴史——*18*

2 機械学習の基礎

2.1 学習の種類——*26*

2.2 距離を考える——*33*

2.3 代表的な学習手法の紹介——*41*

2.4 モデル選択——*86*

2.5 群知能で最適解を発見する!!——*88*

③ 機械学習の応用

3.1　ハードが機械学習を支えている !!──97

3.2　機械学習界の救世主「深層学習」──105

3.3　自然言語処理──119

3.4　音声認識──124

3.5　本人認証──127

3.6　こんな未来が訪れるかも──131

3.7　機械学習技術の発展を恐れるな──136

参考文献──137

索引──141

おわりに──147

機械学習ってなあに

1.1 機械学習を知る

　機械学習とは，人間の「学習」という機能をコンピュータなどの機械に付与することをいう．

　早速，話を逸らすことになるが，人間という生き物は，どれほど欲が強いのかと，ふと思うことがある．遠い昔では，狩りや農業をするために目的に応じた道具を作り出し，コミュニケーションをとるために言葉や文字を作り出した．さらに，大半の生物が嫌う火を調理や暖を取るために利用する．そして，それらを日々進化させていき，行きたいところには飛行機や電車などで簡単に行け，遠く離れた人とも電話やインターネットを通して簡単に連絡が取れるような現在に至る．これらはすべて，人間の欲がなせた業だろう．これらの大半は，人間が本来，持たない能力を道具に備えさせることにより，可能にしようとしている．さらに，人間に備わっている「学習」能力などを，従来持たない機械などに搭載しようとしているではないか．欲を満たせば，さらなる欲が発生する．これが人間にとって最大の機能であり，これほどまで発展できた最大の理由の1つと考えられる．

　本章でははじめに，機械学習の概念を理解するため，人工知能（AI：Artificial Intelligence）との関係や機械学習の具体例を用いて説明する．

1　機械学習ってなあに

　「機械学習」という言葉は近年，新聞やテレビやインターネット上でも目にする機会が増えている．基本概念を理解するため，機械学習と共に併記されることの多いAIとの関係について触れてみたい．「機械学習」とは異なり，「AI」という言葉は多くの人に知られているのではないだろうか．AIと聞くとアニメや映画やドラマなどに出てくる人間のようなロボットを想像する人も多いだろう．しかしながら，それら以外でもAIを搭載したモノは現代にも多数存在する．人工知能は，特化型AI（NAI：Narrow Artificial Intelligence）と汎用型AI（AGI：Artificial General Intelligence）の2種類に大きく分けられる．図1・1にNAIとAGIの違いを示す．

　図1・1のようにNAIでは，人間が設定した特定の処理に対して人間と同等またはそれ以上の処理を行わせることが目的である．例として，画像認識，音声認識，家電や車などの制御技術，また近年

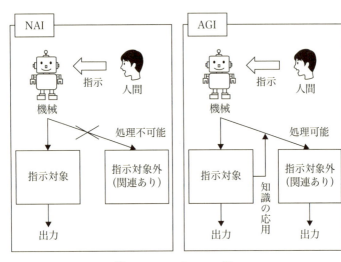

図1・1　NAIとAGIの違い

1.1 機械学習を知る

プロの人間にも勝利している囲碁・将棋ソフトなどが挙げられる．すなわち，人間が設定した目的以外の対象に対する処理は，ある程度の関連性があったとしても行わない．個人認証を目的としたとき，画像から個人を特定する処理を行えるが，あらかじめ設定されていなければ，男女の区別を行えないなどが例として挙げられる．これに対して，AGIとは，図1・1のように，人間が指示あるいはプログラミングした特定の処理のみに対してだけでなく，得られた知識から異なる領域の処理に対しても，幅広く人間と同等またはそれ以上の処理を行わせることが目的である．すなわち，機械自身が処理対象となるタスクを増加させることを可能とする．AI研究において，AGIの開発が当初からの大きな目的であるが，その問題の複雑・困難さから，これまで大半の人工知能研究で提案されている技術はNAIの開発を目的としている．一方，近年の計算機の高性能化や低コスト化や深層学習技術の発展により，再びAGI研究が広く注目されている．

　AIでは，以下のように大きく3つの処理に分けられ，すべてがAI技術である．
① 指定されたルールに従い，実行する
② 与えられたデータから解析を行い，与えられた目的に応じたルールを自動設定し，実行する
③ 与えられた（自ら取得した）データを解析し，自ら設定した目的に応じたルールを自動設定し，実行する

　①の例としてエアコンや冷蔵庫の家電が挙げられ，エアコンではセンサから室温を読み取り，あらかじめ設定された温度との差などからパワーの強弱を自動切換えしている．②の例として，顔認証などのパターン認識などが挙げられ，顔認証ではあらかじめ複数の顔

1　機械学習ってなあに

データを解析することにより，判定基準を決定し，未知データに対して認証処理を行う．③では，前述のAGI技術であり，目的が特定されているわけでなく，必要に応じて変化させられる．ここで，②と③のように，データを解析し，目的に応じた判定基準（ルール）を設定する技術が機械学習である．この処理は，人間でいう「学習」に位置するため，「機械学習」という名前で呼ばれている．機械学習は，AIの機能のひとつであり，別のものではない．

1.2　機械学習って何ができるの？

　機械学習はあらかじめ対象とするサンプルを収集し，それらを学習することによって目的に応じた判定基準を決定する．この目的は，複数の問題に分けられ，これらの問題について以下に説明する．

（i）　パターン認識

　パターン認識とは，ある識別対象を複数あるクラスのうちの1個または複数のクラスに分類する処理である．あらかじめ各クラスにおいて最低1個以上のサンプルを用意し，それらを学習することにより，識別基準を決定する．その後，新たな入力に対して，決定した識別基準を基に分類処理を行う．図1・2に3クラスパターン認識問題の例を示す．図1・2のように，3クラスのサンプルを分類する識別面を生成し，新たな入力の位置よりどのクラスに分類するかを決定する．ただし，多くの場合は，識別面を識別基準とするのではなく，識別基準を決定する係数ベクトルなどから，どのクラスに分類されるか決定する．そのため，分類処理において識別面を求める必要はない．パターン認識の例として，画像認識や個人認証や医療診断などが挙げられる．

1.2 機械学習って何ができるの？

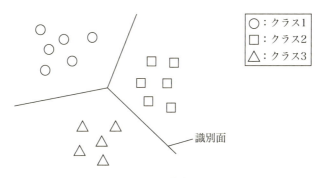

図1・2 パターン認識（3クラス問題）

パターン認識における性能の指標のひとつとして，未知の入力に対する識別性能が挙げられる．この性能をパターン認識における汎化能力と呼ぶ．学習用サンプルを基に識別基準を決定しているため，学習用サンプルに対して高い識別性能を示すことは容易であり，性能の指標とならない．これは人間社会における試験において，学習時に用いた問題集の得点は評価に加えられず，それらから得られた知識を基に解答した試験問題に対する得点のみが試験の合否を決定することと同様である．このとき，未知の入力をテストデータと呼ぶ．汎化能力の評価方法のひとつとして，テストデータにおける認識率が広く用いられている．テストデータ数を M，正しく分類された入力データ数を N としたとき，認識率 R は，

$$R = \frac{N}{M} \times 100 \ [\%] \tag{1}$$

と定義できる．また，認識率の代わりに，異なるクラスに分類された確率，すなわち誤認識率 $E(= 100 - R\ [\%])$ が用いられることも多い．

一方，認識率，または誤認識率のみで性能評価できない問題

1 機械学習ってなあに

も存在する．医療診断がその代表的な例である．ある病気に対して，陽性（P：positive），または陰性（N：Negative）を分類する2クラス問題を例にすると，Pであるにもかかわらず，Nと誤判定される場合は，病気であることを見逃したということとなり，逆の場合に比べて，大きく問題があるといえる．すなわち，等しい認識率または誤認識率であっても，等しい性能とはいえない．さらに，このような医療診断の分類問題などにおいては，通常Pであるサンプルは，Nであるサンプルに比べて収集が困難であり，サンプル数が少ない．このように，クラスごとのデータ数において，偏りがあるデータを不均衡データと呼ぶ．このとき，認識率のみを考慮した学習アルゴリズムを導入すると，どのテストデータに対してもPと分類する可能性が高くなる．そこで，このような問題に対して適合率 - 再現率（PR：Precision-Recall）曲線や受信者操作特性（ROC：Receiver Operating Characteristic）曲線が広く用いられている．与えられたデータを正しく分類されることを真（T：True），そうでない場合を偽（F：False）とする．このとき，PまたはNのデータにおいて正しく分類されたデータ数をTP（True Positive），またはTN（True Negative）とし，誤って分類されたデータ数をそれぞれFP（False Positive），またはFN（False Negative）とする．このとき，適合率と再現率は，

$$適合率 = \frac{TP}{TP + FP} \tag{2}$$

$$再現率 = \frac{TP}{TP + FN} \tag{3}$$

で表される．上記の適合率と再現率をそれぞれ縦軸と横軸とし，判定基準のしきい値を変化させることによって描かれた曲線がPR曲線である．また，ROC曲線では，再現率を縦軸とし，

1.2 機械学習って何ができるの？

$$FP率 = \frac{FP}{FP + TN} \tag{4}$$

で表されるFP率を横軸としたとき，判定基準のしきい値を変化させることによって描かれた曲線である．また，ROC曲線における縦軸（適合率）はTP率と呼ぶ．これらの曲線下面積（AUC：Area Under Curve）は性能を示す指標として広く用いられている．

(ii) クラスタリング

クラスタリングは，代表的な教師なし学習の1つである．教師あり学習と教師なし学習については2編で説明するが，クラスタリングはパターン認識とは異なり，どのようなクラスが存在するかが未知であり，図1・3のように，あらかじめ与えられたサンプルを複数のクラスタに分割する処理である．図1・3では，3個のクラスタに分割している．分割基準として，同じクラスタ内のサンプル間の類似度が高く，異なるクラスタのサンプルとの類似度が低くなるように設定する．クラスタリングの例として，大量文書の仕分けなどが挙げられる．上述の例では，大量にある文書に対して複数のクラスタに分類し，関連性のある文書を自動的に仕分けする．その他にも，

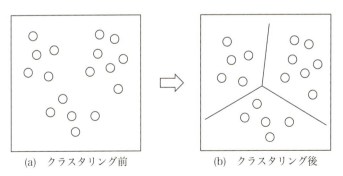

図1・3 クラスタリング

1 機械学習ってなあに

検索ワードから関連のあるサイト候補を表示するweb検索などが例として挙げられ，大量のクラスタが存在し，かつクラスタ数やクラスタそのものが未知である場合，クラスタリングは有効である．

クラスタリングの性能評価方法は非常に多くあり，クラスタリング後にあらかじめ用意していた正解を基に比較することにより性能を評価する方法とクラスタリング結果からのみ性能評価する方法の2種類に大きく分けられる．後者は，同じクラスタ内の分散やクラスタ間の分散などを考慮する方法などが広く用いられている．

ⅲ 回帰問題

回帰問題では，ある1個または複数の変数から，異なる変数を導く問題である．このとき，入力変数と出力変数の関係式を求め，直線または曲線を図1・4のように決定し，それぞれを回帰直線，回帰曲線と呼ぶ．ここで，入力される変数の数が1個である場合，単回帰問題と呼び，複数である場合，重回帰問題と呼ぶ．このように，既知の変数から未知の変数を求める関数を近似することから，関数近似問題とも呼ぶ．回帰問題では，出力が離散値であるパターン認識とは異なり，連続値であるが，パターン認識問題における学習アルゴ

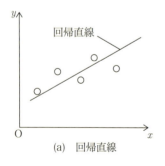
(a) 回帰直線

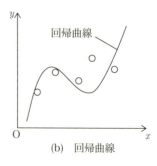
(b) 回帰曲線

図1・4 回帰問題

リズムを回帰問題に適用，またはその逆を行われることが多い．回帰問題の例として，数日分の世界各国の株価指数を入力変数，翌日の日経平均株価を出力とした株価予測などが挙げられる．その他にも連続値を予測する近似関数を求める問題であれば回帰問題となる．

回帰問題における評価指標として，テストデータにおける平均絶対誤差（MAE：Mean Absolute Error）や二乗平均平方根誤差（RMSE：Root Mean Squared Error）が一般的に．それぞれ出力における予測値と実測値間の絶対誤差の平均値と二乗誤差平均値の平方根により求められる．

(iv) 巡回セールスマン問題

巡回セールスマン問題とは，組み合わせ最適化問題の1種である．図1・5のように，5個の地点を用意したとする．このとき，全地点を1回ずつ通り，かつ出発地点まで戻る経路の組み合わせの中で，最短経路を導き出す問題が巡回セールスマン問題である．ここで，出発地点は自由に決定できるが，出発地点にかかわらず最短経路は同じとなる．図1・5では，各地点から他の地点までの距離をすべて求め，条件を満たす組み合わせにおける距離の総和をすべて求めた上で，最短経路を探索すれば，最適解を導ける．図1・5において，

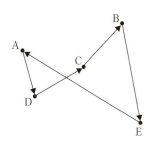

図1・5　巡回セールスマン問題

1 機械学習ってなあに

各地点間の距離をそれぞれ d_{AB}, d_{AC}, d_{AD}, d_{AE}, d_{BC}, d_{BD}, d_{BE}, d_{CD}, d_{CE}, d_{DE} とする．ここで，$d_{AB} = d_{BA}$ などのように，ある地点間の経路と逆経路の距離は等しくなる．このとき，考えられる全経路（出発点：A）は，

① A→B→C→D→E→A : $d_{AB} + d_{BC} + d_{CD} + d_{DE} + d_{AE}$

② A→B→C→E→D→A : $d_{AB} + d_{BC} + d_{CE} + d_{DE} + d_{AD}$

③ A→B→D→C→E→A : $d_{AB} + d_{BD} + d_{CD} + d_{CE} + d_{AE}$

④ A→B→D→E→C→A : $d_{AB} + d_{BD} + d_{DE} + d_{CE} + d_{AC}$

⑤ A→B→E→C→D→A : $d_{AB} + d_{BE} + d_{CE} + d_{CD} + d_{AD}$

⑥ A→B→E→D→C→A : $d_{AB} + d_{BE} + d_{DE} + d_{CD} + d_{AC}$

⑦ A→C→B→D→E→A : $d_{AC} + d_{BC} + d_{BD} + d_{DE} + d_{AE}$

⑧ A→C→B→E→D→A : $d_{AC} + d_{BC} + d_{BE} + d_{DE} + d_{AD}$

⑨ A→C→D→B→E→A : $d_{AC} + d_{CD} + d_{BD} + d_{BE} + d_{AE}$

⑩ A→C→E→B→D→A : $d_{AC} + d_{CE} + d_{BE} + d_{BD} + d_{AD}$

⑪ A→D→B→C→E→A : $d_{AD} + d_{BD} + d_{BC} + d_{CE} + d_{AE}$

⑫ A→D→C→B→E→A : $d_{AD} + d_{CD} + d_{BC} + d_{BE} + d_{AE}$

の12通りである．それぞれの地点間の距離が既知であれば，容易に最短経路を探索できる．一方，巡回セールスマン問題は，NP完全問題とされており，問題によって計算量の観点から最適解を求めることは困難である．なぜだろうか．地点数を n としたとき，経路の組み合わせ数は $\dfrac{(n-1)!}{2}$ 通りとなる．図1・5の例では，通過する地点は5地点であるため，組み合わせ数は $\dfrac{4!}{2} = 12$ 通りであった．しかしながら，組み合わせ数は階乗で求まるため，地点数 n が増加すれば，組み合わせ数は爆発的に増加する．$n = 15$ である場合でも，組み合わせ数が 653 837 184 000 通りとなる．$n = 15$ はそれほど大き

10

1.2 機械学習って何ができるの？

い問題でないにもかかわらず，6千億を超える組み合わせ数となることから，全組み合わせを確認することが困難であることは明らかである．この問題における解を求めるため，ホップフィールドネットワーク[1]やコホーネンネットワーク[2]などの学習アルゴリズムを用いられることはあるが，最適解が必ずしも求まるわけではない．

(v) 特徴抽出と特徴選択

画像認識を例に挙げると，1枚の画像データは複数のピクセルからなっており，それらのピクセルごとにRGB値などの数値が含まれている．図1・6に手書き数字データの例を示す．図1・6では$5 \times 5 = 25$ピクセルから成っており，白色のピクセルを0，黒色のピクセルを1とすると，この数字データxは$x = \{0, 1, 1, 1, 0, 0, 1, 0, 1, 0, 0, 0, 0, 1, 0, 0, 0, 0, 1, 0, 0, 0, 0, 1, 0\}$と表せる．すなわち，1個のデータは複数の数値情報から成っており，画像認識のみではなく，すべての機械学習においても同様のことがいえる（計算機で処理する際，すべての情報は数値に変換される）．通常，データを表す特徴という意味から，これらの数値情報を特徴量と呼ぶ．ただし，回帰問題における特徴量を特徴変数と呼ぶ．また，1個のデータが保有する特徴量の数を次元数と呼ぶ．

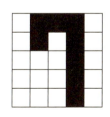

図1・6 手書き数字データ例（数字：7）

1　機械学習ってなあに

　特徴量は，量的特徴量（数値データ）と質的特徴量（カテゴリデータ）の2種類に大きく分けられ，それぞれの例として名義尺度，順序尺度，間隔尺度，比例尺度が挙げられる．それぞれの具体例や特徴を表1・1に示す．

　パターン認識や回帰やクラスタリングなどの機械学習において，これらの特徴量を情報として，識別基準や回帰基準などを決定する．

　図1・7に2次元データとl次元（$n > 2$）データにおける2クラスパターン認識問題の例を示す．図1・7(a)の2次元データにおいて，データ分布が密になり，線形分離不可能である．ここで，線形分離可能とは，l次元空間において$l-1$次元超平面ですべてのデータを正しく分類できることをいい，そうでない場合を線形分離不可能と

表1・1　量的特徴量と質的特徴量

名称	特徴量の種類	特徴量の意味	具体例
名義尺度	量的特徴量	数値の大小などに対して意味を持たず，区別するために整理番号として割り当てられた数値	性別（1：女性，2：男性），居住地（1：東京，2：大阪，…）など
順序尺度	量的特徴量	大小に対して意味はあるが，それらの間隔や比率などの演算には意味を持たない数値	成績順位（1：1位，2：2位，…），徒競走順位（同上）など
間隔尺度	質的特徴量	目盛りが等間隔に設定されており，大小と和と差などに意味はあるが，原点を任意に決定しており，乗除などには意味を持たない数値	摂氏・華氏温度，カレンダーの日付，西暦など
比例尺度	質的特徴量	原点が0であり，目盛りが等間隔に設定された上，大小や和差乗除の演算に対し意味を持つ数値	質量，長さ，絶対温度，身長，速度など

1.2 機械学習って何ができるの？

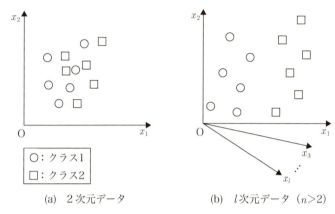

図1・7 次元数とデータのばらつきの関係

呼ぶ．次元数が増加すると図1・7(b)のように，データ分布のばらつきが大きくなり，線形分離可能となりやすくなる．このように，データに保持する情報が増加する，すなわち次元数が大きくなり，線形分離性が高まる．

ただし，次元数が大きければ大きいほど，必ずしも精度が上昇するとは限らない．図1・8にパターン認識問題における次元数と認識率の関係のように，はじめは次元数が大きくなれば，認識率が上昇していく傾向にあるが，次第に低下していく傾向にある．次元数が大きければ大きいほど，有用な特徴量が得る確率は高くなるが，同時に冗長な特徴量すなわち情報が混在する可能性が大きくなり，精度が低下しうる．また，高次元問題において，精度を高くするためには，膨大な量の学習サンプルが必要となってくるため，コストの観点からも非効率な学習に陥りやすい．これらのような問題を「次元の呪い」と呼ぶ．また，次元数を増加させることにより，必要となる計算量も同時に増加する．

1 機械学習ってなあに

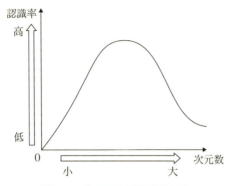

図 1・8　次元数と認識率の関係

　そこで，これらの問題点を解消すべく，有用な特徴量を選択，または新たに抽出することが重要となる．この選択・抽出を特徴選択・抽出と呼ぶ．図 1・9 に握力と学力試験における得点を特徴量とした同年代の成人における性別識別問題と特徴選択の例を示す．一般的に，握力における男女差が出る傾向にあることは明らかであるが，学力試験における得点において男女差が出ることは考えられにくい．すなわち図 1・9(a) のように，握力は男性が女性に比べて高く，学力試験における得点の特徴量において，男女間に偏りが小さい傾向にある．すなわち，図 1・9(b) のように，握力を表す特徴量のみを用いた場合においても，識別精度に変化はあまり見られない．ただし，識別面が変化している．これは，得点という冗長な特徴量により，識別面に影響を及ぼしていることを意味する．学習サンプル数を増加させることにより，冗長な特徴量による悪影響を抑制できうるが，効率的ではない．よって，図 1・9(b) のような特徴選択により，この問題点を解消できるといえる．

1.2 機械学習って何ができるの?

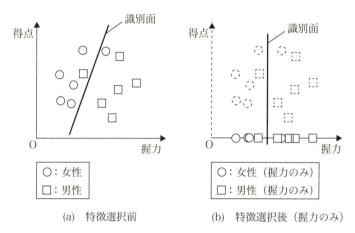

(a) 特徴選択前

(b) 特徴選択後(握力のみ)

図1・9　性別分類問題における特徴選択

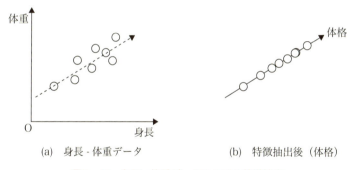

(a) 身長-体重データ

(b) 特徴抽出後(体格)

図1・10　身長-体重データにおける特徴抽出

次に,新たな特徴量を抽出する特徴抽出を図1・10の身長と体重の関係を表すデータ分布を用いて説明する.図1・10(a)のように,一般的に身長が高ければ,体重が重くなる傾向にある.このように,各特徴量間の相関関係は,たびたび見られる.この相関関係を利用し,図1・10(a)の破線矢印で示した「体格」という各特徴量の相関

1 機械学習ってなあに

関係を考慮した新たな特徴量を生成する．これにより，図1・10（b）のように，2次元データを新たな1次元データに変換できる．もちろん，変換前後では誤差が生じるが，データの元分布の特徴をおおよそよく表す分布となっていることが見て取れる．この例では，元空間に比べて低次元の空間上で元データを再現することを目的としているが，目的に応じて抽出基準を変更することが一般的である．これは，特徴選択においても同様である．例えば，図1・9では，パターン認識問題において，より識別精度を上げることを目的とした特徴選択を行っている．すなわち，元データを低次元空間で再現することを目的とした特徴選択や識別精度を上げることを目的とした特徴抽出ももちろん可能である．

コラム 「紙おむつの隣にビール？」

　読者の皆さんは，データマイニングという言葉をご存じだろうか？データマイニングとは，あるデータ群から有益な知識や情報を獲得する手法を意味する．ピンとこない人も多くいるだろう．そこで，データマイニングの説明をする際に，世界的に最も使用される一例である「紙おむつとビール」の話をここでしたい．

　アメリカ合衆国のある大手スーパーマーケットにおいて，販売データを分析したところ，紙おむつとビールが同時に買われる場合が多いというルールが確認されたという．この理由として，紙おむつをする子供を持つ父親が，スーパーマーケットに大きくてかさばる紙おむつを買いに行くように，母親から頼まれ，そのときにビールもついでに購入する人が多いからだそうだ．この解析結果より，紙おむつの横にビールを陳列したとき，売り上げが向上したという．このように，販売データというデータ群を解析することによって，紙おむつとビールは同時に買われるという情報を探索できている．この話は，ある雑誌にて記載されていた事例だが，本当にあった話かどうかの真偽は不明である．

1.2　機械学習って何ができるの？

コラム　「醜いアヒルの子の定理」

　特徴抽出・特徴選択を説明する際に，醜いアヒルの子の定理[3]を例として説明することが多い．

　皆さんは，「醜いアヒルの子」という童話をご存じだろうか？　おそらく，多くの人は知っているであろう．この童話は，デンマークの代表的な童話作家であるHans Christian Andersen氏によって，1834年に発表された．内容は，あるアヒルの複数の卵から1羽だけ他の雛と異なる容姿の雛が孵り，母親や兄弟だけでなく，周囲の異なる種類の鳥からもいじめられ，家出をし，大きくなってから自分がとても美しい白鳥であることに気付くというお話である．醜いアヒルの子の定理は，この童話の名前から由来している．

　醜いアヒルの子の定理とは，このようなアヒルの子でも，その他の普通のアヒルの子との類似性は，普通のアヒルの子同士の類似性と比べて，等しいということである．どういうことだろうか？　一般的に知られている醜いアヒルの子は，他の雛と比べて，体が一回り大きく，丸みを帯びていて，色も黒色であるという点が異なる．これらの点のみを考えれば，醜いかどうかは別として，明らかに他の雛とは異なる．しかしながら，息をしているかどうかや血が流れているかどうかや生き物であるといった特徴のみを見れば，他の雛と類似しているといえる．さらに，普通な雛同士を比べたとしても，個体差があるため，必ずしも一致しておらず，性別などの観点で見れば，醜いアヒルの子との類似性の方が高い可能性もある．すなわち，すべての特徴に対して，重み付けせずに同等の価値として考えたとき，普通のアヒルの子同士の類似性は醜いアヒルの子との類似性と比べても相違ないといえる．この定理より，特徴抽出・特徴選択がパターン認識問題などの機械学習において重要な処理であることがわかる．

1 機械学習ってなあに

1.3 AIと機械学習の歴史

(i) AIのはじまりと第一次AIブーム到来

前述したように,機械学習は人工知能の機能の1つであるが,機械学習技術などの発展に伴って人工知能技術が発展してきたといえる.人工知能研究は1940年代より電子計算機が開発されるとともに始まり,1943年に機械学習において最も代表的な手法であるニューラルネットワークの基礎となる形式ニューロンと呼ばれるモデルがアメリカ合衆国の神経生理学者Warren Sturigis McCulloch氏と数学者Walter J. Pitts氏らにより提案された[4].ニューラルネットワークとは,人間の神経回路網を模倣したモデルである.1950年にイギリスの数学者Alan Mathison Turing氏により機械に知能があるかどうかを診断するチューリングテスト[5]が考案・実施された(図1・11).

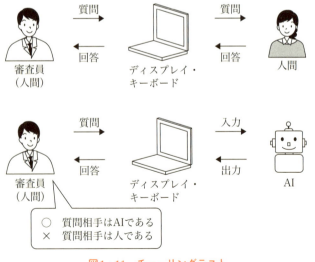

図1・11 チューリングテスト

1.3 AIと機械学習の歴史

> **コラム** 「チューリングテストと唯一の合格AI『Eugene』君」
>
> チューリングテスト[5]とは，ディスプレイとキーボードなどを通して，質疑応答形式で会話をし，人間である審査員が会話相手を人間であるかAIであるかどうか判定するテストである．すなわち，文字を用いた会話で，AIが人間であると騙せるかを確認するテストである．ここで，チューリングテストを合格するためには，全審査員の30％以上を騙す必要がある．本テストは，考案・実施されてから約60年間，合格したAIが出てこなかったが，考案者60年目の命日に記念開催されたTuring Test 2014にて，ウクライナに住む13歳の「Eugene」という少年と設定されたAIが，約33％の審査員を騙すことに成功し，史上初の合格とされ，大きな話題を呼んだ．一方で，その合格に対して批判的に述べる専門家も少なくない．まず1つ目の批判の理由として，AIの設定が「ウクライナに住む13歳の少年」であることが挙げられる．彼は，英語が第2母国語であり，さらに13歳という少年であることから，質問の理解ができない場合や多少おかしな回答をした場合であっても，審査員に許容されやすい．すなわち，合格水準がAI作成者側の設定によって低くされている．例えば，英語をほとんど話せない日本人という設定のAIでも，英語での質疑応答を行うチューリングテストでは，合格できる．ただし，英語を話せないという設定はもちろんNGとなる．2つ目の批判の理由として，本イベントでは，質疑応答時間5分という時間的制約を設けられていることが挙げられる．5分間という短いテスト時間である上，さらにタイピングなどを通した会話ということもあり，十分な質疑応答ができないと考えられる．また，次の批判の理由として，審査員側の質が統一ではない点が挙げられる．審査員側のメンバーや質問内容などは決まっておらず，テストごとに異なるため，合格の難易度がテストごとに大きく異なる．
>
> 今後，誰しもがチューリングテスト合格と認めるAIが出現するかどうか楽しみである．

AIという言葉は，1956年にアメリカ合衆国のダートマス大学にて開催された研究会議にて，アメリカ合衆国の計算機科学者John McCarthy氏により命名された．この後，人工知能研究は大きく注

1　機械学習ってなあに

目を集め，多くの成果を残すことになり，1950-60年代を第一次AI
ブームと呼び，政府や企業はAI研究に莫大な資金を投資されること
になる．1958年には，アメリカ合衆国の心理学者Frank Rosenblatt
氏により，ニューラルネットワークの初期モデルであるパーセプト
ロンが前述の形式ニューロンを参考に提案された[6]．このときより，
ニューラルネットワークに関する研究は盛んに行われ，ニューラル
ネットワークの第1次ブームとも呼ばれている．1960年には，アメ
リカ合衆国のBernard Widrow氏とMarcian Edward Ted Hoff，
Jr氏が2層ニューラルネットワークにおける確率勾配法を用いた学
習則を提案した[7]．また，3層以上で構成されるニューラルネット
ワークの学習則は1967年に日本の計算機科学者である甘利俊一氏
により提案されている[8]．また，第一次AIブームで最も注目され
た分野が推論・探索技術である．ある定義されたルールから目的達
成のためのゴールを探索する技術である．その一例として，当時は
チェスの世界チャンピオンにAIで勝利することを目標としていた．
しかしながら，当時のコンピュータ性能やアルゴリズムでは，ルー
ルが厳密に決定されたゲームなどの小さな問題にのみにしか適用さ
れず，その際のルールも人間によって定義する必要があり，ルール
が不確かな実問題への拡張が困難であった．このことから，当時の
AI技術はゲームなどにしか適用できない「おもちゃ」と評されたほ
どであった．また，1969年に出版されたアメリカ合衆国の計算機科
学者Marvin Minsky氏と数学者Seymour Papert氏の著書[9]にて，
第1次AIブームを支えていた技術の1つであるパーセプトロンは，
XOR問題などの非線形問題を解けないことが示された．さらに，機
械学習において最も大きな課題であるフレーム問題が提唱された．
現在においても，技術の発展した現在においてもフレーム問題は未

1.3 AIと機械学習の歴史

解決な問題である．これらのことなどから，第1次AIブームと第1次ニューラルネットワークブームは終焉を迎えることになった．

コラム 「人工知能に立ちはだかる壁『フレーム問題』」

人工知能研究において，現在でも未解決な問題としてフレーム問題が挙げられる．フレーム問題とは，情報処理能力が限られたAIにおいて，現実世界の全事象を処理することは困難であるという問題であり，前述のJohn McCarthy氏らにより提唱された．フレーム問題について例を挙げて説明する．ある指令者Aさんが，遠隔操作にてロボットに「家の中に腕時計を忘れていないか確認してほしい」という指令を出したとする．ここで，このロボットは，家の中を自由に移動でき，腕時計を認識でき，設定された探索範囲をすべて探索する機能を有すると仮定する．このとき，探索領域内において，床が劣化し，大きな穴が空いており，探索中に穴に落ちてしまった．そこで，Aさんは，ロボットを改良し，探索途中に指令とは関係のない起こりうる問題を考慮・回避するという機能を実装したとする．このとき，ロボットに同じ指令を出した場合，ロボットは動作しなくなってしまう．なぜならば，「もしかしたら，床に穴が開くのではないか」「もしかしたら，隕石が落ちるのではないか」「確認に行けば，指令者の友人に嫌われるのではないか」などのすべての事象を無限に考え，計算しようとしてしまうためである．そこで，関係のない事象を考慮しないような機能を実装したとしても，ロボットは再び動作しなくなってしまう．今度は，「関係のない事象は何であろうか」と無限に考え，計算しようとしてしまうためである．

このように，AIには「腕時計を探索する」「家の中全てを探索する」「穴があるかどうかを探索途中で確認する」などのように，考慮する事象，すなわちフレームをあらかじめ設定し，その設定外の事象においては考慮できないという問題があり，この問題がフレーム問題である．ただし，人間においてもフレーム問題を完全に解決しているわけではなく，上手に処理しているだけであるという意見もある．今後，人間のようにフレーム問題を柔軟に処理できるAIは現れるのだろうか．

1 機械学習ってなあに

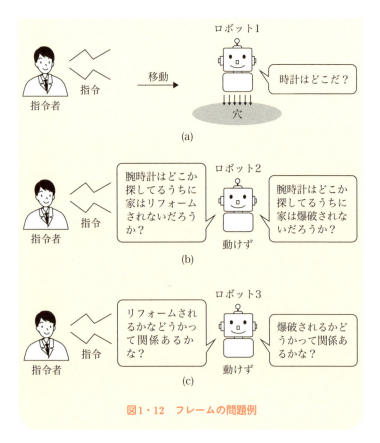

図1・12 フレームの問題例

(ii) 冬の時代と第2次AIブーム

前節に示したように1960年代後半に当時のAIの限界が示され、第1次AIブームが終わりを迎えた影響により、研究に費やされる資金が激減し、AI研究から手を引く研究者も少なくなかった。1970年代はAI研究にとって、冬の時代であったといえる。

しかしながら、AI研究に2度目の春の時代が訪れることになる。

1.3 AIと機械学習の歴史

1980年代に入り，エキスパートシステムと呼ばれる専門家の意思決定を機械に行わせるシステムが医療分野において，優れた成果を残した．これを機に日本においても，数百億円にも上る多額の資金を投じた第5世代コンピュータプロジェクトが発足されるなど人工知能技術が，再び世界に注目を集めることになる．エキスパートシステムは，目的に応じて，その目的における専門家の知識を機械に取り入れたシステムである．世界初のエキスパートシステム「Dendral」が1965年にスタンフォード大学の研究者らによって開発されてから，AI研究にとって厳しい冬の時代もエキスパートシステムを進化させていき，春の時代に導いたのである．エキスパートシステムが大きく注目を集めた1980年代を第2人工知能ブームと呼ぶ．エキスパートシステムが勢いをつける中で，ニューラルネットワークに関する研究も再燃した．アメリカ合衆国の物理学者John Joseph Hopfield氏によりホップフィールドネットワーク[1]が，カナダのコンピュータ科学者Geoffrey Everest Hinton氏らにより，ボルツマンマシン[10]が提案された．また，1986年には，誤差逆伝播法（バックプロパゲーション）が一般化される[11]など，1980年代から1990年代前半にかけてニューラルネットワーク技術が大きく進化した時代だといえる．この時代を第2次ニューラルネットワークブームと呼ぶ．しかしながら，エキスパートシステムでは，人の手によって専門知識を膨大に登録する必要があり，さらに，実用化に十分な精度を得られなかったなどといわれている．他にも，複数の原因があるが，それらのことからエキスパートシステムの開発は徐々に廃れ，第2次AIブームはすぐに終焉を迎えた．また，ニューラルネットワーク研究は主に深層化に関する研究を1990年前半まで活発に行われ，ある程度の精度向上が実現したが，実問題において学習サンプル不

1 機械学習ってなあに

足などによって期待していた程の精度が得られなかった．また，学習サンプルが十分にある場合であっても，当時の計算機の性能では計算時間が膨大となり，非実用的であった．これらのことから，第2次ニューラルネットワークブームは終焉を迎え，1990年代後半においては，ニューラルネットワーク研究の冬の時代が再来することとなる．

ⅲ 冬の再来と第3次AIブーム

第2次AIブーム以降，AI研究はしばらく冬の時代を過ごすが，その間，1990年代後半にはサポートベクトルマシン（SVM：Support Vector Machine）[12]やアンサンブル学習などの機械学習アルゴリズムの性能が評価され，理論として大きく成長していくこととなる．これらの新たな学習アルゴリズムの研究が活発になる一方，ニューラルネットワークの注目度は低下していた．しかしながら，1997年にはチェスプログラムが世界チャンピオンに勝利するなど，冬の時代においても着々と技術を発展させてきた．そして，この頃よりインターネットが広く普及されていき，大量の情報を簡単に取得できる時代となっていく．また，計算機性能の向上やCPUのマルチコア化，GPUによる並列演算処理化などにより，計算機の性能も大幅に向上することによって，ビッグデータ処理が注目されていった．さらに，2006年に前述のGeoffrey Everest Hinton氏らによって，ディープビリーフネットワーク（DBN：Deep Belief Network）[13]の論文が発表され，ニューラルネットワークの深層化が再び注目を集めた．ただし，以前より深層化に研究は多数なされている．この頃より，ニューラルネットワークの深層化を用いた学習法を深層学習（ディープラーニング）と呼ばれるようになった．2012年に開催された画像認識の国際的コンテストImageNet Large Scale Visual

1.3 AI と機械学習の歴史

Recognition Challenge（ILSVRC2012）にてトロント大学のチームが深層学習を用いて，従来の手法を大きく上回るスコアを出し，他のチームを圧倒し，大きく注目された．また，同時期にGoogle社が動画コンテンツ「YouTube」における大量の動画を深層学習させることにより，コンピュータが「猫」を認識することに成功し，大きくニュースにも取り上げられた．これらより，AIと機械学習は，再び注目を集めることとなり，第3次AIブームまたは第3次ニューラルネットワークブームが到来した．現在まで，深層学習はさらなる改良がすすめられ，各分野において，大きな成果をあげている．

機械学習の基礎

1編では，機械学習とは何か，どのような問題に活用できるか，どのような経緯で技術が発展してきたかなどを述べた．本編では，機械学習の種類や手法や必要となる知識などの詳細を説明したい．ただし本書では，可能な限り数式などを省略するが，一部含まれる部分があり，その点はご容赦いただきたい．

2.1 学習の種類

機械学習における学習方法は，目的や与えられる学習サンプルによって異なる．これらについて以下で説明する．

(i) 教師あり学習

教師あり学習とは，あらかじめ入出力の対になっている学習サンプル（教師データ）を用いた学習方法である．すなわち，学習に用いる全入力に対して，正しい出力が付与されている．ここで，これらの付与された出力をラベルと呼ぶ．人間に置き換えると，図 2・1 のように学習サンプルである問題集に解答集が付属しており，問題と

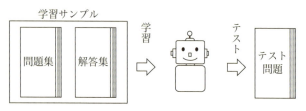

図 2・1　教師あり学習

2.1 学習の種類

解答を確認しながら，学習することと同様である．このとき，問題が入力であり，解答が出力となる．

教師あり学習では，解答付きの問題が与えられるため，学習サンプルに対して，パターン認識問題では100 %の認識精度，回帰問題であれば誤差を0にすることが可能である．しかしながら，学習サンプルに対して高精度な結果を示すことが，必ずしもよりよい学習とはいえない．テストに対して，高い精度であることが，より良い学習であるといえる．

(ii) 教師なし学習

教師なし学習では図2・2のように，学習サンプルに対してラベルが付与されていない．ここで，A君とB君を顔認証する問題を例に教師なし学習を説明する．あらかじめ，A君とB君の顔画像をそれぞれ複数枚取得する．このとき，いずれの顔画像にもA君またはB君であるか教示せず，機械に解析を行わせる．すなわち，得られた画像データの規則性を基に2つのカテゴリを分類する識別基準を自動設定する．教師なし学習では，カテゴリ特有の偏りを基に学習を行う必要があるため，偏りが小さければ小さいほど，識別性能が低くなる傾向にある．教師なし学習で代表される学習問題の1つとして，1編で述べたクラスタリングが挙げられる．

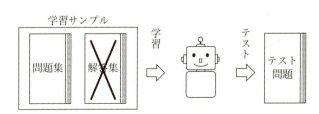

図2・2　教師なし学習

2 機械学習の基礎

(iii) 半教師あり学習

　教師あり学習では，学習サンプルに入力と共に正しいラベルが付与されているため，教師なし学習に比べて，必ずとはいえないが，識別精度が高い傾向にある．しかしながら，教師データにおけるラベル付けは，あらかじめ図2・3のように，人為的に行わなければならない．学習対象によって，ラベル付けに要する時間と費用などの観点から非常に高コストになりうる．また，類似した入力などに対して，全てラベル付けすることは，非効率であるといえる．

　そこで半教師あり学習では，一部のデータに対してのみラベル付けを行い，判別基準を決定する．例えば，ある1つのサンプル付近に類似したサンプルが存在する場合，その1つのサンプルのラベルを調査し，その他の類似したサンプルは同じラベルとして仮定することにより，教師あり学習のように学習できる．類似度を考慮したラベル付けのみではなく，パターン認識では，識別面付近の学習サンプルを予測し，それらに対してラベル付けするなど，様々な手法が

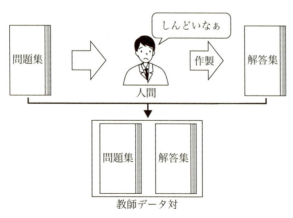

図2・3　教師データ対の作製

2.1 学習の種類

提案されている.

(iv) 強化学習

強化学習とは,ある目的に対して,試行錯誤を繰り返すことにより,最も得られる報酬が高い行動を学習することである.強化学習で

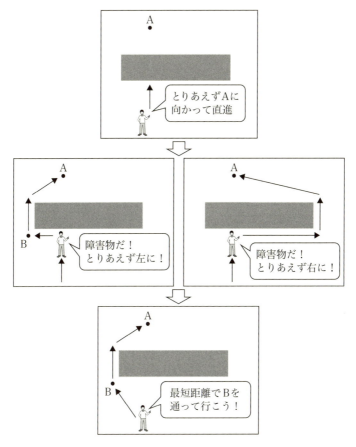

図2・4 最短ルート探索における強化学習

2 機械学習の基礎

は，教師あり学習とは異なり，与えられる学習サンプルに明確な正解は与えられない．図2・4に地点Aまでの最適ルートを学習する強化学習の例を示す．この場合，地点Aに近くなるルートを辿ることにより，より高い報酬が得られるとする．そのため，はじめに地点Aに向かって，単純に進むと考えられる．しかしながら，途中で障害物があるため，右か左に進む必要があり，左右にそれぞれ曲がった場合の最終獲得報酬を考慮することにより，左側の道が右側よりもよいと学習する．次に，地点Bから地点Aまでの道のりは最短距離ではあるが，初期の地点から地点Bまでの道を考慮したとき，はじめに地点Aに向かうよりも，地点Bに向かえば，報酬が高くなることから，図2・4の最下部のような最短ルートを学習できる．このように，はじめは目的のみの情報から学習を行い，試行錯誤を繰り返すことにより，最終的に得られる報酬が最大となる学習を行っており，徐々に優れた解を導いていくことから，強化学習と呼ばれる．

(v) マルチタスク学習と転移学習

　マルチタスク学習と転移学習の明確な定義は，現在までなく，論文などによって異なる．例えば，マルチタスク学習と転移学習は，同じ学習形態と意見する人もいれば，そうでないと意見する人もいる．本書では，別の学習法と考える定義を採用し，説明する．マルチタスク学習と転移学習では，異なるタスク間における学習結果を利用し，性能を向上させる学習法である．このとき，マルチタスク学習では，それらの全タスクにおける性能向上を目的としている（図2・5(a)）が，転移学習は，転移先のタスクの向上を目的としている（図2・5(b)）．すなわち，転移学習では，タスク間の情報の共有が一方通行である．

2.1 学習の種類

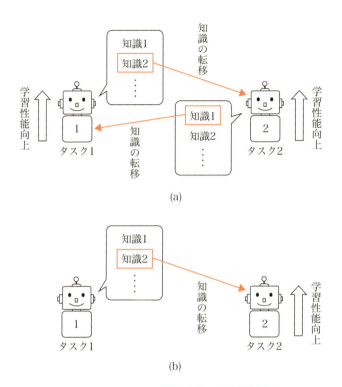

図2・5 マルチタスク学習(a)と転移学習(b)

(vi) 一括学習と逐次学習

これまで述べた学習をさらに大きく分けると，一括学習（バッチ学習）と逐次学習（オンライン学習）の2種類に分けられる．名称通り，学習を一括して行うか，または，逐次的に行うかどうかがこれらの違いである．多くの学習サンプルをあらかじめ得られ，今後変化のない対象であったとする．このとき，得られた学習サンプルをすべて用いて学習を行えばよい．この方法が一括学習である（図2・6(a)）．

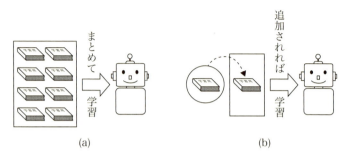

図 2・6　一括学習 (a) と逐次学習 (b)

しかしながら，あらかじめ得られる学習サンプルが少ない，または，対象が時間経過などによって変化する場合，一括学習は有効ではない．そのとき，学習サンプルを逐次的に取得し，判別基準を逐次的に更新することで，これらの問題点を解消できる．このような学習法を逐次学習と呼ぶ（図 2・6(b)）．

コラム 「学習とテスト」

読者の皆さんは，おそらく学校などにおいてテストを受けたことがあるでしょう．しかしながら，同じ授業を受け，同じ時間だけ同じ問題集や参考書などを勉強したとしても，試験の得点に差が生じることは当然である．なぜだろうか．記憶力などの能力の差のみが原因なのだろうか．著者は，そうではないと捉れる．差が生まれる原因の1つに勉強法が考えられる．参考書に出てくる問題をすべて丸暗記する勉強法と丸暗記はせず，重要な箇所を重点的に学ぶ勉強法を比較する．もしも，テストの問題が参考書に出題された問題のみで構成されている場合，前者の勉強法を行った方が良い結果が得られるであろう．しかしながら，そうでない場合，後者の方が良い結果を得られることが多いではなかろうか．もちろん，両方ともに行うことが最も得点を得られるだろうが，ここでは考慮しない．

これは，機械学習においても同様のことがいえる．実問題において，与えられた学習サンプルはすべて有用なものといえず，外れ値などのように，学習性能を劣化させうるサンプルが存在する．また，1つのサンプルがもつ複数の特徴量の中に，冗長な特徴量が存在しうる．そのような学習サンプルに対して，十分に学習を行うと，学習サンプルに対して高い性能は期待できるが，テストデータに対して，性能が劣化しうる．このような問題を過学習（over-fitting）と呼ぶ．機械学習において，過学習は最も考慮すべき問題の1つであり，過学習を可能な限り生じさせないような学習モデルの構築が必要不可欠である．

2.2 距離を考える

機械学習では，様々な対象に対して，学習サンプルを用いて判断基準を決定するが，どのように決定するのであろうか．学習方法によっても様々だが，必ず共通する点が距離である．データ間距離やデータと識別面の距離やしきい値と出力の差異などを考慮することにより，最適な判断基準を決定する．

2 機械学習の基礎

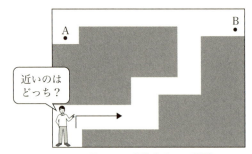

図2・7 各地点までの距離

機械学習において，これらの距離を測定することは最も重要な処理のひとつである．ただし，距離といっても，単純な直線距離のみではない．例として，図2・7の地図から地点AまたはBのうち，近い地点へ向かうことを考える．地点Aまでの直線距離が地点Bに比べて，明らかに短い．しかしながら，地点Aに向かうには，非常に遠回りをする必要があり，地点Bまで向かう方が近いといえる．すなわち，この場合では，目的地への距離は，直線距離ではなく，道を辿って向かった時の距離を用いた方がよい．

このように，目的に応じて適用する距離測度を変更し，用いる距離測度によって，精度に大きな影響を及ぼし，機械学習においても同様のことがいえる．本章では，代表的な距離測度であるユークリッド距離，ハミング距離，マンハッタン距離，矩形距離，マハラノビス距離について説明する．

(ⅰ) ユークリッド距離

ユークリッド距離とは，データ間の純粋な距離であり，機械学習において最も広く用いられる距離の1つである．名前の由来は，著書『原論』の著者であり，「幾何学の父」としても知られる古代ギリシアの天文・数学者Euclid氏である．図2・8に2次元空間上の2個

2.2 距離を考える

のデータを示す．このとき，データ $\bm{x}$, $\bm{x}'$ 間の差は $\bm{x} - \bm{x}'$ で表され，2データ間のユークリッド距離 $d(\bm{x}, \bm{x}')$ は，

$$d(\bm{x}, \bm{x}') = \|\bm{x} - \bm{x}'\|_2 = \sqrt{(x_1 - x_1')^2 + (x_2 - x_2')^2} \quad (1)$$

となる．また，3次元以上の空間におけるデータにおいても同様にユークリッド距離を導くことができる．式(1)から明らかであるように，ユークリッド距離は l_2 ノルムで表される．このとき，原点からのユークリッド距離が1となる等高線を図2・9に示す．図2・9より，ある点からのユークリッド距離の等高線は，その点を中心とした正円となる．

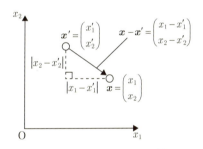

図2・8 2データ間の関係

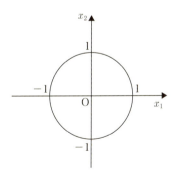

図2・9 原点からユークリッド距離が1となる等高線

2 機械学習の基礎

(ii) マンハッタン距離

マンハッタン距離は都市ブロック距離とも呼ばれ，正方形に近いブロックで区分された都市であるマンハッタンにおいて，車などで運転する距離から由来している．図2・10のように，ユークリッド距離はスタートからゴールまでの直線距離，マンハッタン距離は道に沿って移動した際の最短距離を示す．また，マンハッタン距離は，l_1距離とも呼ばれる．この名称から予測できるように，図2・8の2データ間マンハッタン距離は，

$$d(\boldsymbol{x},\ \boldsymbol{x}') = \|\boldsymbol{x} - \boldsymbol{x}'\|_1 = |x_1 - x_1'| + |x_2 - x_2'| \tag{2}$$

のl_1ノルムで表される．このとき，原点からのマンハッタン距離が1となる等高線を図2・11に示す．図2・11より，ある点からのマンハッタン距離の等高線は，その点を中心とした菱形（正方形）となる．

点と点の距離をマンハッタン距離により導出するとき，ユークリッド距離と比べて，明らかに誤差が生じ，純粋な距離を求められない．しかしながら，式(1)，(2)を比べると明らかである通り，マン

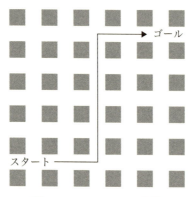

図2・10　マンハッタン距離

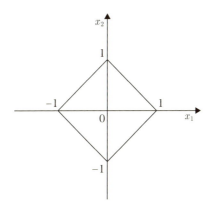

図 2・11 原点からマンハッタン距離が 1 となる等高線

ハッタン距離の導出計算はユークリッド距離に比べて非常に単純であり，計算量の観点からユークリッド距離に比べて優れている．また，8 マスパズルのように，パズルが縦横方向にのみ進むという前提であるものにおいても，マンハッタン距離を用いた学習アルゴリズムを用いる場合が多い．

(iii) チェビシェフ距離

チェビシェフ距離という名前は，チェビシェフの定理などで有名なロシアの数学者 Pafnuty Chebyshev 氏に由来している．チェビシェフ距離は，L_∞ 距離とも呼ばれ，図 2・8 の 2 データ間チェビシェフ距離は，

$$d(\boldsymbol{x},\ \boldsymbol{x}') = \max_i \left| x_i - x_i' \right| \tag{3}$$

のように，ノルムで表される．すなわち，データ間の各特徴量における差の最大値をデータ間の距離としていることを意味する．このとき，原点からのチェビシェフ距離が 1 となる等高線を図 2・12 に示

2 機械学習の基礎

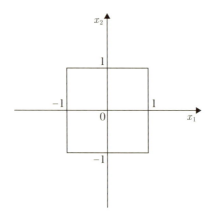

図2・12 原点から矩形距離が1となる等高線

す.図2・12より,ある点からのチェビシェフ距離の等高線は,その点を中心とした正方形となる.

また,ユークリッド距離,マンハッタン距離,チェビシェフ距離は,

$$d(\boldsymbol{x},\ \boldsymbol{x}') = \left| \sum_i (x_i - x'_i) \right|^{\frac{1}{p}} \tag{4}$$

のミンコフスキー距離から一般化される.式(4)において,$p=1, 2, \infty$ のとき,それぞれマンハッタン距離,ユークリッド距離,チェビシェフ距離となる.ミンコフスキー距離の由来は,理論物理学者Albert Einstein氏の特殊相対性理論に数学的基礎を与えたドイツ人数学者Hermann Minkowski氏である.

(iv) ハミング距離

ハミング距離とは,同じ桁数を持つ2個の文字列間における対応する桁の文字が異なる数を示す.図2・13に2個の8桁2進数間のハミング距離を示す.それぞれの2進数は,$\boldsymbol{x} = 10011101$ と

2.2 距離を考える

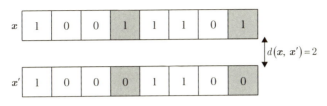

図2・13 ハミング距離

$x' = 10001100$ であるから，図2・13のように1桁目と5桁目が異なり，異なる桁数は2であるため，$d(x, x') = 2$ となる．ハミング距離の由来は，アメリカの計算機科学者であるRichard Hamming氏である．

(v) マハラノビス距離

マハラノビス距離とは，与えられたデータの分散を考慮した距離である．マハラノビス距離という名前は，インドの統計学者であるPrasanta Chandra Mahalanobis氏から由来する．図2・14のようなデータを1つのグループとして与えられたとき，新たに与えられたデータ☆，★は，グループのデータ平均■からユークリッド距離の観点から等しいといえる．しかしながら，これらの新たに与えられたデータは，データグループと同程度離れているように見えるだろうか．データ★はこのグループに属していると考えてもよいが，明らかにデータ☆はこのグループに属していると考えられないように見えないだろうか．もし，属しているという場合であっても，外れ値であるといえる．このように，あるデータ群のグループに属しているか，または属していないかを判定する際に，ユークリッド距離のみでは正しく判定できないことが多い．そこで，マハラノビス距離では，データ群の分散を基に距離を計算する．データ平均よりデータ☆，★への方向を，それぞれ図2・14における下のa, bと示

す．このとき，それぞれの方向におけるデータ群の標準偏差，σ_a, σ_b（σ はシグマと呼ぶ）を求め，それぞれの方向における正規分布から，データ平均からの距離を算出する．これにより，図2・14におけるデータ群の場合では，方向bに比べて，方向aにおける標準偏差が明らかに小さいことから，データ☆, ★のように，データ平均から等しいユークリッド距離であっても，マハラノビス距離はデータ平均からデータ☆の方がデータ★に比べて，大きくなり，マハラノビス距離の等高線は図2・15のようになる．

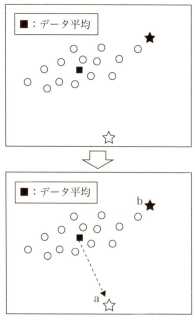

図2・14　マハラノビス距離の考え方

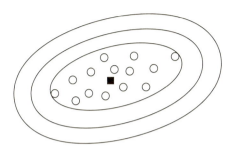

図 2・15 マハラノビス距離における等高線

2.3 代表的な学習手法の紹介

　機械学習において，多数の学習手法 (学習アルゴリズム) が提案されており，目的などに応じて，使い分けられている．学習方法は大きく分けて，パラメトリックな手法とノンパラメトリックな手法の2つの手法に分けられる．パラメトリックな手法とは，あらかじめデータが従う分布が明らかになっているとする手法で，そうでなければ，ノンパラメトリックな手法である．本書では，ノンパラメトリックな学習手法について説明する．以下に，いくつかの代表的な学習手法を紹介する．

(ⅰ) **特徴抽出法**

　1編で述べたように，特徴抽出 (データ圧縮) とは与えられた特徴量を基に新たに特徴量を抽出することであり，目的により抽出方法が異なる．ここで，抽出または選択された特徴量により構成された空間を部分空間と呼ぶ．本節では，それぞれ目的の異なる3種類の代表的な特徴抽出法について説明する．

2 機械学習の基礎

⑴ 主成分分析

主成分分析（PCA：Principal Component Analysis）は，1901年にイギリスの統計数理学者であるKarl Pearson氏[14]と1933年にアメリカの経済学者Harold Hotelling氏[15]によって，それぞれ提案された．PCAという名称はHotelling氏の論文で初めて用いられた．ある母集団に属する特徴量はそれぞれ，相関関係があり，それら特徴量数よりも少ない独立した新たな特徴量によって，それらを表せることができるという考えより，提案された．

1編の図1・10で示した例が，PCAの例である．ある変数群から，相関関係を用いて新たな変数群を抽出する．このとき，変数群のサイズは小さくなる．では，どのように新たな変数を求めるのだろうか．PCAの目的は，元空間より少ない次元数で，かつ，写像することによるデータ分布の変化が小さい部分空間を求めることである．図2・16に，ある3次元入力 x を2次元部分空間（灰色部分）へ写像させた様子を示す．PCAにおいて，部分空間の原点は通常，学習サンプルの平均ベクトルをとる．平均ベクトルを原点としておいた入力ベクトル x を部分空間へ写像したとき，写像ベクトルは図2・16の x となる．入力ベクトル x と部分空間（写像ベクトル x'）がなす角度は θ となる．このとき，θ が大きいほど，入力ベクトル x と写像ベクトル x' の距離 $d(x, x')$ は大きくなり，写像ベクトルの長さ（射影長）$\|x'\|$（$\|x'\| \leqq \|x\|$）は小さくなる．すなわち，部分空間に写像することによる分布の変化が大きくなる．また，θ が小さいほど，$d(x, x')$ は小さくなり，射影長 $\|x'\|$ は $\|x\|$ に近づき，$\theta = 0$ であれば $\|x'\| = \|x\|$ となる．よって，PCAでは，θ が小さくなる，または $\|x'\|$ が大きくなる部分空間を生成する必要がある．

2.3 代表的な学習手法の紹介

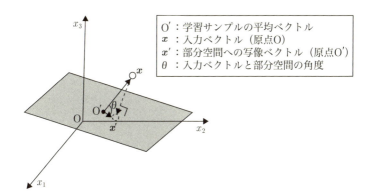

図2・16 部分空間への写像

(2) 独立成分分析

独立成分分析（ICA：Independent Component Analysis）[16]とは，カクテルパーティ効果などで知られ，独立した成分を抽出する特徴抽出法である．

> **コラム** 「カクテルパーティ効果」
>
> カクテルパーティ効果とは，1953年にイギリスの心理学者Edward Colin Cherry氏によって提唱された行動心理である．カクテルパーティなどのように，多数の人々が会話をしている騒がしい環境において，自分の必要となる情報を有した音声のみを選択し，聞き取ることである．読者の皆さんも経験があるのではないだろうか．騒がしい環境下においても，友人の声のみを聞き取り，会話を行うことや，周囲の会話の中で自分の名前やよく知る人物の名前が発せられたことに気付くなど，我々の日常においても，頻繁にカクテルパーティ効果がみられる．また，この行動心理は，意識的ではない行動であり，本能的に行っていることである．

2　機械学習の基礎

　名称が似ていることから，PCA[14], [15]と混同されることもあるが，異なる特徴抽出法である．図2・17に同じデータを用いたときの(a) PCAと(b) ICAによる特徴抽出結果を示す．図2・17の○，□をそれぞれ信号1，2とするが，それぞれを区別することなく，信号1，2のどちらか未知の環境で全データを用いて特徴抽出する．PCAの場合，前述のように，射影長の大きくなるような主成分を抽出する．この部分空間内の特徴量は正規分布に従わなければ，無相関であっ

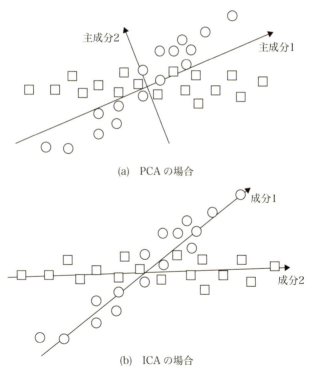

(a)　PCAの場合

(b)　ICAの場合

図2・17　PCAとICAの違い

て，独立であるといえない．ICAでは，独立した特徴量を抽出することを目的とする．図2・17(b)のようにそれぞれの成分はPCAと異なり，直交関係にはないが，それぞれ独立した特徴量を求める成分となっている．無相関や独立などの数学的な捉え方は，本書では省略するが，カクテルパーティ効果などと同様に複数の人物が会話をしている環境などにおいて，それぞれの会話を抽出するような成分を抽出することがICAでは可能である．

(3) 線形判別分析

線形判別分析（LDA：Linear Discriminant Analysis）[17]とは，パターン認識問題における学習手法の1つであり，1936年にイギリスの統計学者Sir Ronald Aylmer Fisher氏によって提案された．また，提案者の名前から，Fisher線形判別分析とも呼ばれる．PCAと異なり，LDAではクラス分類を考慮した部分空間を生成する特徴抽出法といえる．通常，LDAにより生成される部分空間の次元数は1である．図2・18に2クラス問題におけるLDAの例を示す．LDAでは，

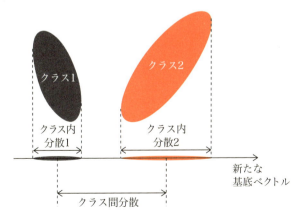

図2・18　LDAによる特徴抽出

2 機械学習の基礎

正しく分類できる特徴（部分空間の基底ベクトル）を図2・18に示す写像後のクラス内分散とクラス間分散を基にして，決定する．それぞれクラス内分散を小さくとれば，他のクラスとの重なりが小さくな

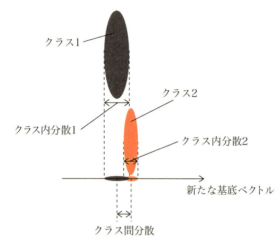

(a) クラス内分散最小化のみを考慮

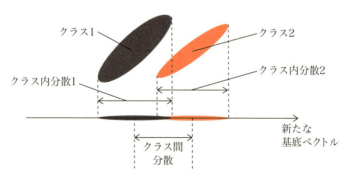

(b) クラス間分散のみを考慮

図2・19　クラス内またはクラス間分散のみを考慮したLDA

2.3 代表的な学習手法の紹介

りやすく，クラス間分散が大きければ，各クラスのデータ重心同士が離れやすくなる．

クラス内分散とクラス間分散は，同時に考慮する必要がある．1つの分散ではなぜダメなのだろうか．例を挙げて，確認する．線形分離可能な問題において，各分散を別々に考慮した場合に正しく分類できない例を図2・19に示す．図2・19(a) では，クラス内分散を最小とする特徴抽出である．図2・19(a) より，クラス内の分散は小さくとれているが，クラス間分散も小さくなっているため，各クラスの重心間の距離が近くなり，1次元空間に写像後，データ分布に重なりができている．図2・19(b) では，クラス間分散を最大とする特徴抽出である．図2・19(b) より，クラス間の分散が大きくとれており，各クラスの重心間の距離は大きくなっている．しかしながら，クラス内分散が大きいことにより，クラス間に重なりが生じている．これらは，各分散を同時に考慮することにより解消できることは明らかである．ただし，クラス間分散最小化とクラス内分散はトレードオフの関係ではないことを注意したい．

(ii) 最近傍法

最近傍法[18]とは，パターン認識問題や回帰問題などに多く適用される手法で，単純なアルゴリズムではあるが，精度も高く，広く用いられている．一般的に，NN（Nearest Neighbor）と省略されることもあるが，本書では，ニューラルネットワーク（NN：Neural Network）と混同することを避けるため，NNと省略しないこととする．ここで，パターン認識問題における最近傍法を例に説明する．一般的な最近傍法では，他の学習法と異なり，学習を必要としない．事前に必要となるのは，学習サンプルとそれらのクラスラベルの対（すなわち，教師データセット）である．図2・20の2クラス問題において，ク

ラスラベルが未知の入力△をクラス1,2のどちらかに分類すること
を考える.このとき,前述にあるように,教師データセットを用い
て,判別基準を決定する必要はない.はじめに,入力△と全学習サ
ンプルとの距離を求める.次に,全学習サンプルの中から距離が最
小となる学習サンプルを求め,その学習サンプルが属するクラスへ
入力△を分類する.図2・20では,クラス2の学習サンプル■との
距離が最小であるため,入力△はクラス2へ分類される.

しかしながら,図2・21の学習サンプル■のような外れ値が存在

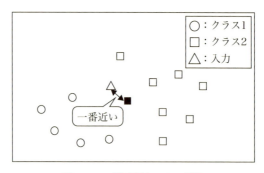

図2・20 最近傍法による分類

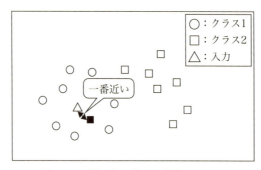

図2・21 外れ値を含む場合(最近傍法)

2.3 代表的な学習手法の紹介

し，入力△との距離が最小であった場合，あきらかに入力△がクラス1であっても，誤分類される．

この問題を解消する手法として，k-最近傍法が提案されている．一般的なk-最近傍法では，最近傍法と同様に，全学習サンプルと入力間の距離をすべて求め，それらの中で，距離が小さいk個の学習サンプルを図2・22のように求める．図2・22では，$k=9$であり，8個のクラス1の学習サンプルと1個のクラス2の学習サンプル■との距離が小さい．このとき，$k(=9)$個の学習サンプルの中から，多数決により分類するクラスを決定する．すなわち，図2・22の例では，8個の学習サンプルが属するクラス1へ分類する．ここでkは，あらかじめ人為的に決定するパラメータであり，2.4で説明する分割交差検定法などを用いて決定することが多い．ただし，最近傍法では，学習を必要としないが，分類処理において，全教師サンプルとの距離計算を行う必要があるため，学習サンプル数が膨大であるとき，分類における計算量も膨大となる．

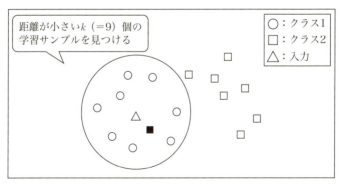

図2・22　k-最近傍法（$k=9$）

(iii) クラスタリングの代表格「k-平均法」

クラスタリング手法は，大きく「階層型クラスタリング」と「非階層型クラスタリング」に分けられる．本節では，非階層型クラスタリングの代表的な手法の1つであるk-平均法（k-means）[19]を説明する．

k-平均法は，1957年にポーランドの数学者であるHugo Dyonizy Steinhaus氏により提案され，1967年にアメリカ合衆国のJames MacQeen氏によって，k-平均法と名付けられた．図2・23の学習サンプルがあるとき，以下のように学習を行う．

① 図2・24のように，全学習サンプルに対して，$k(=3)$個のクラ

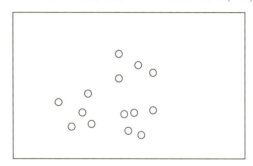

図2・23　学習サンプル

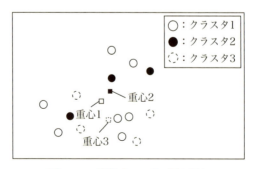

図2・24　初期クラスタの割り振り

2.3 代表的な学習手法の紹介

スタを無作為に割り振る．また，各クラスタに属する学習サンプルを用いて，各クラスタの重心（平均）を求める．これらの中心を各クラスタの代表点と呼ぶ．

② 全学習サンプルと各クラスタ間の距離を計算し，最近傍法と同様に距離が最小となるクラスタへ，各学習サンプルを振り分ける（図2・25）．ここで一般的に，ユークリッド距離を用いる．

③ 振り分けられたクラスタ内の学習サンプルを用いて，各クラスタの重心を計算し，代表点を更新する（図2・26）．

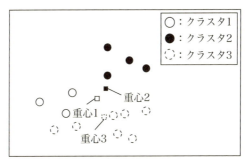

図2・25 クラスタ割り振りの更新（1回目）

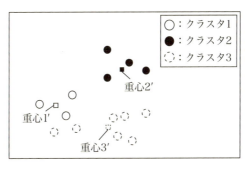

図2・26 代表点（重心）の更新（1回目）

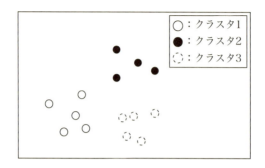

図2・27 k-平均法によるクラスタリング結果

④ ②と③の処理を代表点が変化しなくなるまで，または，あらかじめ設定した最大繰り返し数まで繰り返す（図2・27）．

ここで，クラスタ数は，あらかじめ人為的に決定するパラメータである．

k-平均法の代表的な問題点として，

① 各クラスタの代表点の初期設定によって，精度が大きく変化する点
② クラスタ数によって，精度が大きく変化する点

が挙げられる．①，②の問題点を解消するため，多数の手法が提案されている．①の問題点を解消するための代表的な手法の1つとして，k-平均法++（k-means++）[20]が挙げられる．k-平均法++では，各クラスタの初期代表点間の距離が大きくなるように設定することによりクラスタリング精度を向上させる．そのため，通常のk-平均法に比べて，初期設定における計算時間が増すが，代表点更新の収束が短縮される傾向があるため，計算時間は短縮される傾向にある．②の問題点の解消法として，ベイズ情報量基準（BIC：Bayesian Information Criterion）を用いたX-平均法（X-means）[21]やエルボー図を用いたエルボー法やシルエット図を用いたシルエット法などが

2.3 代表的な学習手法の紹介

挙げられる．これらの手法は，クラスタ数を決定する際の参考になるが，必ずしも最適なクラスタ数を決定できるとはいえない．

(iv) 機械学習の代表格「ニューラルネットワーク」

　機械学習を学ぶ上で，必ずと言っていいほど，ニューラルネットワークという言葉を耳にする．1編で述べたように，1943年に形式ニューロン[4]と呼ばれるモデルがアメリカ合衆国の神経生理学者 Warren Sturigis McCulloch 氏と数学者 Walter J. Pitts 氏らにより提案されてから現在まで，機械学習の学習手法の代表格として研究されてきた．一時は，冬の時代を過ごすことにもなったが，現在は3編で説明する深層学習技術の発展により，大きな注目を浴びている．ニューラルネットワークとは，人間の脳の仕組み（神経回路網）を模倣した学習モデルである．ただし，人工的に神経回路網を模倣することから，正式には人工ニューラルネットワークと呼ぶが，通常，単にニューラルネットワークと呼ぶことが多い．脳は，解明できていない点が多く存在するが，膨大な量の神経細胞（ニューロン）から構成されていることがわかっている．ニューロンの構造を図2・28に示す．細胞体と核により，本体が構成されており，樹状突起と軸索とシナプスにより，ニューロン同士が結合されている．樹状突起が入力部，軸索が出力部の役割を担っている．また，シナプスは軸索から樹状突起への信号の伝達の役割を担っている．ここで，ニューロン同士は物理的に結合しているわけではない．これらのニューロンがあるしきい値以上の刺激を受けることにより，発火（実際に燃えるわけではない）という現象を起こし，電気信号を出力し，他のニューロンの樹状突起へ軸索とシナプスを介して信号を送る．このような多数のニューロンのネットワークを人工的に再現しようとすることがニューラルネットワークの目的となっている．以下にニューラルネットワークの学習手法などについて述べる．

2 機械学習の基礎

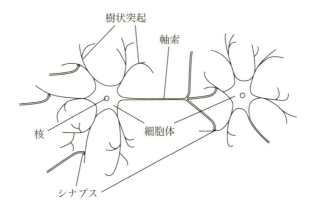

図2・28 生体ニューロンの構造

(1) 単純パーセプトロン

パーセプトロン[6]とは，ニューラルネットワークの最も代表的なモデルの1つである．パーセプトロンには，大きく単純パーセプトロンと多層パーセプトロンの2つのモデルに分けられる．本節では，単純パーセプトロンについて説明する．

単純パーセプトロンは，形式ニューロンを応用したモデルである．形式ニューロンと単純パーセプトロンを図2・29に示す．両者とも，入力層と出力層の2層から構成されており，l個の入力 $x_i(i=1, \cdots, l)$ に対して，重み $w_i(i=1, \cdots, l)$ を掛け，それぞれの総和としきい値 θ を比べることにより，小さければ0，大きければ1を出力する．すなわち，出力を y とおくと，

$$y = f\left(\sum_{i=1}^{i} w_i x_i - \theta\right) = \begin{cases} 0, & \sum_{i=1}^{i} w_i x_i - \theta < 0 \\ 1, & \sum_{i=1}^{i} w_i x_i - \theta \geqq 0 \end{cases} \tag{5}$$

のようなステップ関数となる．ここで，出力値を導出する関数$f(x)$を活性化関数と呼ぶ．ただし，活性化関数はステップ関数のみではない．次節で述べる多層パーセプトロンなどにおいては，学習時に微分が必要となり，有効な微分値が得られ，かつ容易に微分可能な以下のシグモイド関数などを用いる．

$$f(x) = \frac{1}{1 + e^{-Tx}} \tag{6}$$

ここで，$T(>0)$はシグモイド関数の傾きを決定するパラメータであり，その値が小さければ小さいほど，ステップ関数の概形に近づく．その他にも，双曲線正弦関数$\tanh x$やソフトマックスやランプ関数ReLU（Rectified Linear Unit）など，活性化関数として用いる関数は複数存在するが，本書では，それらの説明は本書の目的と合致しないため，省略する．注意しておきたい点は，パーセプトロンと呼ばれるモデルは，あくまで出力が0または1の離散値であり，活性化関数としてシグモイド関数などを用いた場合は連続値となるため，厳密にはパーセプトロンとはよばない．シグモイド関数を用いた場合は，シグモイドニューロンと呼ばれる．

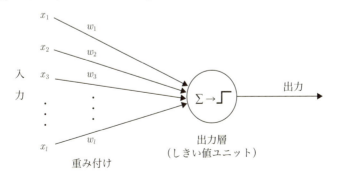

図2・29　形式ニューロンと単純パーセプトロン

2 機械学習の基礎

以上の説明では、出力が0と1の2値問題となっていた。多クラス問題に適用する場合は、出力層のユニット数をクラス数に増やして並べ、ある1つのユニットから1が出力されれば、そのユニットに対応するクラスに分類すればよい。

形式ニューロンと単純パーセプトロンの大きな違いは、

① 形式ニューロンでは、入力が0または1であり、単純パーセプトロンでは実数である点
② 単純パーセプトロンでは、複数の学習サンプルから重み $w_i(i=1, \cdots, l)$ を修正するという学習過程がある点

である。

単純パーセプトロンでは、図2・30のように、入力に対する重みを出力結果と真の出力値を比較し、誤りが生じたとき、誤りを訂正するための重みの更新を繰り返すような学習を行う。このように、誤りを訂正するような学習を行うことから、この学習法を誤り訂正学習法と呼ぶ。また、単純パーセプトロンでは、しきい値 θ を人為的に決定する代わりに、入力 $x_0(=1)$ と $w_0(=-\theta)$ を導入することにより、しきい値も学習過程で更新できる。ここで、w_0 をバイアスと呼ぶ。

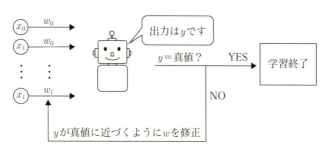

図2・30　単純パーセプトロンの学習

2.3 代表的な学習手法の紹介

しかしながら，単純パーセプトロンは入力の線形結合（$\sum_{i=0}^{i} w_i x_i$）で判別基準を決定しているため，パターン認識問題などでは，線形分離可能な問題のみにしか適用できない．すなわち，識別面が2次元の空間上では直線，3次元空間では平面となり，それらで正しく分類できない問題（非線形）に対して，単純パーセプトロンは適用できないことを意味する．例として，図2・31のような，排他的論理和（XOR）を挙げる．XORの真理値表は表2・1のようになる．真理値表を基に，横軸をA，縦軸をB，出力Yをクラスとしたときの分布は図2・32のように表せる．図2・32から明らかである通り，XORのような入出力をパターン認識問題に適用したとき，線形分離不可能である．

実世界において，線形分離不可能な実問題は，非常に多く存在する．そのため，単純パーセプトロンは実用性が低く，限界が示されることとなり，ニューラルネットワーク研究において，最初の冬の時代が来ることとなる．

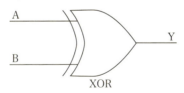

図2・31　XORゲート

表2・1　XORの真理値表

A	B	Y
0	0	0
0	1	1
1	0	1
1	1	0

2 機械学習の基礎

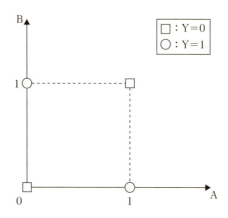

図 2・32　XOR問題における分布

(2) 多層ニューラルネットワーク

単純パーセプトロンのような入力と出力の 2 層からなるネットワークでは，前節で示したように，非線形問題に対して，適用できない．そこで，図 2・33 のように，入力層と出力層の間に中間層（隠れ層）を加えた多層パーセプトロン[8]が提案された．ただし，通常の多層パーセプトロンの学習では，活性化関数が微分可能である必要があり，シグモイド関数などの連続関数が用いられる．そのため，活性化関数がステップ関数であるパーセプトロンとは異なるため，多層パーセプトロンという名称は避けられることが多い．本書では以後，多層ニューラルネットと呼ぶこととする．図 2・33 で示した例では，中間層が 1 層だが，複数層存在してもよい．各中間層におけるユニット数は，経験則などにより，人為的に決定することが多い．また，図 2・33 のように，出力を計算するまでの流れが入力から 1 方向に伝播していくことから，順伝播型ネットワーク（フィードフォワードニューラルネットワーク）とも呼ばれる．しかしながら，入力層

2.3 代表的な学習手法の紹介

と出力層の2層のみで構成されたネットワークも例外ではないため，順伝播型ネットワークが必ずしも多層であるとは限らない．

なぜ，中間層を追加することによって，非線形問題に適用できるのであろうか．前節のXORを例として挙げる．新たな入力Cを定義する．また，CをAとBの論理積（ANDゲート）とし，真理値表は表2・2となる．このとき，A，B，Cの3次元空間で分布を図2・34に示す．図2・34のように，線形分離可能となることは明らかである．すなわち，出力層へA，B，Cが入力されればよい．そのため，A，B，Cをそれぞれ出力するユニットを入力層と出力層の間，すなわち，中間層として配置すれば，この問題を正しく分離できる．

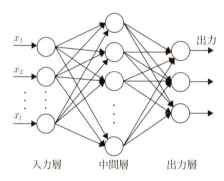

図2・33　多層ニューラルネット

表2・2　新たにCを加えたXORの真理値表

A	B	C (A∩B)	Y
0	0	0	0
0	1	0	1
1	0	0	1
1	1	1	0

2 機械学習の基礎

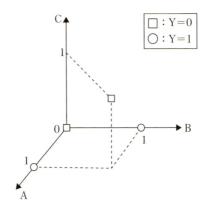

図2・34　AND要素追加による分布の変化

多層ニューラルネットでは，入力層→中間層，中間層→中間層（3層ニューラルネットワークの場合はない），中間層→出力層間の重みをそれぞれ決定する必要がある．これらの重みを決定する代表的な学習法の1つとして，勾配法が挙げられる．勾配法とは，図2・35のように，ある初期値から探索をはじめ，関数の勾配（傾き）を利用して，最適解を繰り返し探索する方法である．勾配は，微分値などにより求められるため，連続関数である必要がある．そのため，単純パーセプトロンのように，活性化関数がステップ関数であるような場合では，正しく最適解を探索できない．勾配法の中で代表的な学習方法として，最急降下法と確率的勾配降下法がある．数式を用いた説明は控えるが，これらの大きな違いは，最急降下法ではすべての学習サンプルの誤差を同時に考慮して，解を更新する（一括学習）ことに対し，確率的勾配降下法では，1つの学習サンプルが入力される度に解を更新する（逐次学習）点である．

2.3 代表的な学習手法の紹介

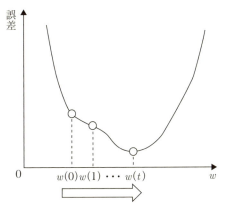

図2・35 重みの更新

多層ニューラルネットが広く注目されたきっかけとなった学習法が1986年にアメリカ合衆国のDavid E.Rumelhart氏とJames L. McClelland氏により提案された誤差逆伝播法（バックプロパケーション）[11]である．

単純に勾配法を用いて，重みを更新するとき，各層における誤差関数の勾配（微分値）を算出する必要があるが，計算量が膨大になりうる．特に，入力層と1つ目の中間層の間のように，浅い層間における誤差関数の勾配計算の計算量は大きくなりやすい．誤差逆伝播法では，この問題点を解消すべく，図2・36のように，求める勾配の順番を出力層→入力層のように，入出力方向とは逆方向にした学習法である．

2 機械学習の基礎

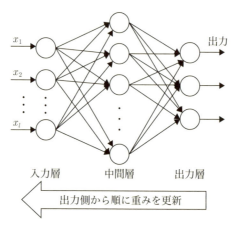

図2・36　誤差逆伝播法

　誤差逆伝播法では，主に勾配法を用いるが，誤差逆伝播法が提案される以前より，勾配法を利用したニューラルネットワークに関する多数の研究がなされており，確率勾配降下法を用いた多層ニューラルネットは1967年に日本のShunichi Amari氏により提案されていた[8]．

2.3 代表的な学習手法の紹介

コラム 「初期値の重要性」

ニューラルネットワークにおける，あらかじめ人為的に設定する重みの初期値と誤差との影響を考えてみたい．重みと誤差が図2・37のような関係にあるとする．このとき，初期値のみがA，Bと異なる学習モデルについて考える．勾配法を用いた場合，現地点から誤差が小さくなる方向へ重みを変化させる．図2・37では，初期値がAであれば，重みが大きくなる方向へ移動し，Bであれば，左へ移動することが見てとれる．これらを少しずつ，移動させていくと，初期値がA，Bであった場合，それぞれ極小値1，2へ収束する．図2・37から明らかであるように，最小値は極小値2である．すなわち，誤差を最小とする最適解は極小値2をとる重みとなるが，初期値をAとした場合，学習法を工夫しない限り，最適解に辿りつけない．これらの極小値1，2に対応する解を局所解と呼び，それらは必ずしも全体として最適な解（大域的解）と限らない．そのため，局所解を有するニューラルネットワークでは，初期値により誤った局所解に陥り，最適な解が得られない場合が多く存在する．このため，ニューラルネットワークにおいて，初期値の設定は重要だといえる．

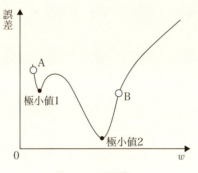

図 2・37　局所解

2 機械学習の基礎

(v) サポートベクトルマシン

サポートベクトルマシン（SVM：Support Vector Machine）[12] は，Vapnik 氏らによって提案された識別器である．ただし，パターン認識問題以外にも，回帰問題やクラスタリングなどへ拡張できる．SVM は，汎化能力が非常に高いという点で注目され，1990 年代から 2000 年代まで活発に研究なされ，現在でも多くの研究者により，様々な拡張方式が提案されている．

本節では，SVM の基礎であるハードマージン SVM とソフトマージン SVM を説明し，SVM の回帰問題やクラスタリングなどへの拡張方式を説明する．

(1) ハードマージン SVM

ハードマージン SVM とは，線形分離可能な教師サンプルに対して適用できる SVM のモデルの 1 種である．図 2・38 (a) に 2 クラス問題の例を示す．判別基準を $D(\boldsymbol{x})$ とすると，分離超平面（$D(\boldsymbol{x})=0$）と最も近い各クラスの教師サンプルとの距離（$D(\boldsymbol{x})=0$ と $D(\boldsymbol{x})=1$，-1 までの距離）をマージンと呼ぶ．ここで，分離超平面と最も近い教師サンプルをサポートベクトル（SV：Support Vector）と呼ぶ．SVM では，このマージンが最大になる分離超平面を決定することにより，クラス間をよりよく分離することを目的としている．また，マージン最大化を基準としているため，マージンと関与しない学習サンプル（$D(\boldsymbol{x})=1$，-1 とならない学習サンプル）は識別面の形成に影響しない．すなわち，図 2・38 (b) のように，学習サンプル●，■の SV のみを用いた場合の最適分離超平面は図 2・38 (a) の最適分離超平面と等価になる．このように，一部の学習サンプルから最適解が得られることから，解がスパース（日本語訳は「まばら」）であるといえる．スパースな解を得られることにより，保持するメモリ量が

2.3 代表的な学習手法の紹介

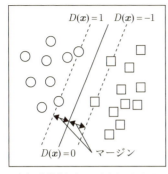 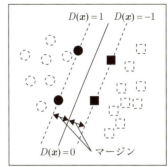

(a) 全教師データを用いたとき　　(b)　SVのみを用いたとき

図2・38　ハードマージンSVM

削減できるという利点などがある．しかしながら，ハードマージンSVMでは，用意された学習サンプルが線形分離可能であると仮定しているため，非線形問題が多々ある現実世界では，実用的ではないといえる．

(2) ソフトマージンSVM

非線形問題へ拡張するため，ソフトマージンSVMが提案されている．一般に，SVMと呼ばれる識別器はソフトマージンSVMを示す．ソフトマージンSVMでは，非負のスラック変数を導入し，誤分類を許す．ここでスラック変数とは，最適化問題における不等号制約条件において，等号制約条件へ変化するための変数を示す．例えば，2クラス問題におけるハードマージンSVMでは，クラスラベル y はクラス1であれば $y=1$，クラス2であれば $y=-1$ とする．このとき，入力 x に対して，判別基準 $D(x)$ が正であればクラス1，負であればクラス2へ分類するために，最適化問題における制約条件は $yD(x) \geqq 1$ と設定する．この条件を満たせなけ

れば，線形分離不可能な問題となるが，$yD(\boldsymbol{x})<1$ であるときにおいても，非負のスラック変数ξ（ξはグザイと呼ぶ）（$=1-yD(\boldsymbol{x})$）を導入することにより，$yD(\boldsymbol{x})=1-$ξとできる．このとき，$yD(\boldsymbol{x})\geqq 1$ であれば，ξ $=0$ とする．すなわち，制約条件を $yD(\boldsymbol{x})\geqq 1-$ξと置くことにより，線形分離不可能な問題に対しても，解を得ることが可能となる．図 2・39 に線形分離不可能な 2 クラス問題におけるソフトマージン SVM の例を示す．図 2・39 のようにスラック変数を取り入れることにより，誤分類を許容する識別面を形成している．

ソフトマージン SVM では，スラック変数を導入することにより，非線形問題に対しても適用可能となるが，これだけではどのような識別面に対しても，制約条件を満たしてしまう．そのため，マージン最大化と共にスラック変数の総和の最小化（誤認識の最小化）を考慮した最適化問題へ変換する．このとき，マージン最大化と誤認識の最小化はトレードオフの関係にあり，一般にマージンパラメータと呼ばれる人為的に決定するパラメータにより，それぞれに対する

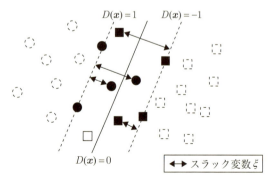

図 2・39　ソフトマージン SVM

2.3 代表的な学習手法の紹介

重みを決定し，調整を行う．ここで，マージンパラメータの設定は後述する分割交差検定法などのモデル選択手法により，決定する．

(3) 非線形問題への拡張とカーネル法

ソフトマージンSVMによって，線形分離不可能な非線形問題に対して，解が得られることを前節に示した．しかしながら，図2・40(a)のような2クラス非線形問題において，線形な分離超平面では，汎化能力が低くなることは明らかである．このような問題において，図2・40(b)のように，非線形分離することにより汎化能力を高める必要がある．

SVMの非線形問題への拡張のために最も用いられる手法として，カーネル法が挙げられる．どのような手法なのだろうか．簡単にいえば，入力空間よりも高い次元の高次元特徴空間を間接的に取り扱う手法である．与えられた特徴量から新たに特徴量を抽出することにより，空間の次元数を増加でき，線形分離性が高まる．これによ

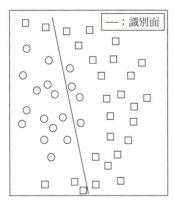
(a) 線形

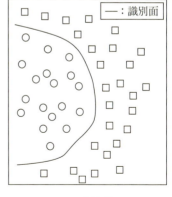
(b) 非線形

図2・40 非線形問題に対する識別面

2 機械学習の基礎

り，入力空間上における非線形問題においても，高次元特徴空間上で線形分離可能な問題に変換できる．しかしながら，カーネル法を用いた場合，高次元特徴空間の次元数は無限になり，特徴量を直接求めることが困難となりうる．カーネル法の利点として，高次元特徴空間上の特徴量を求める必要がない点にある．カーネル法では，カーネル関数と呼ばれる関数により，データの内積値を高次元特徴空間上の特徴量を求めることなく，求められる．すなわち，図2・41のように，高次元特徴空間への写像関数を $\phi(x)$ としたとき，$\phi(x)$ が導出不可能であっても，$\phi(x) \cdot \phi(x')$ は求められる．また，これをカーネルトリックと呼ぶ．

SVMにおける判別関数を導出する際，データの内積値が明らかであればよいため，高次元特徴空間への写像関数 $\phi(x)$ を直接求められなくてもよい．このように，カーネル法をSVMに導入することにより，高次元特徴空間上での判別基準を決定でき，非線形問題へ適用可能にできる．SVMの他にも，PCAなどにもカーネル法は適用でき，非線形問題への拡張手法として，広く用いられている．

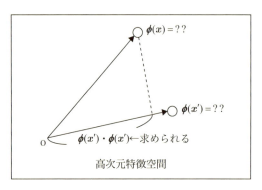

図2・41　高次元特徴空間上のデータと内積値（$\|\phi(x)\|, \|\phi(x')\| = 1$）

2.3 代表的な学習手法の紹介

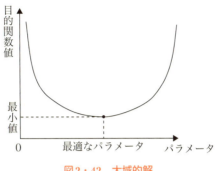

図2・42 大域的解

また，局所解が存在するニューラルネットワークとは異なり，SVMでは一般に，非線形問題へ拡張した場合であっても，解が初期値などに依存せず，解（大域的解（図2・42））が一意に決定される．

(4) 多クラス問題への拡張

SVMは，2クラス識別器である．一方，多くの多クラスの実問題が存在し，多クラス問題への拡張が必要である．現在まで，SVMの多クラス問題への拡張方式は多く提案されている．本節では，代表的な4種類の拡張方式について説明する．

(a) 一対他方式

図2・43に3クラス問題における一対他方式を用いた場合の識別の様子を示す．はじめに，クラス1とその他のクラスを分類する2クラス問題について考慮し，識別基準$D_1(\boldsymbol{x})$を決定する．このとき，$D_1(\boldsymbol{x})>0$であれば，入力$\boldsymbol{x}$をクラス1に分類する．同様に，$D_2(\boldsymbol{x})$，$D_3(\boldsymbol{x})$を求め，入力$\boldsymbol{x}$における$D_1(\boldsymbol{x})$，$D_2(\boldsymbol{x})$，$D_3(\boldsymbol{x})$の正負により，分類処理を行う．n（>2）クラスにおいても同様に個の識別基準を求めて分類処理を行う．ただし，図2・43の灰色部分のように，2個以上の識別基準において正，またはすべての

2 機械学習の基礎

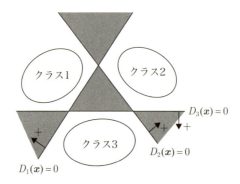

図 2・43　一対他方式

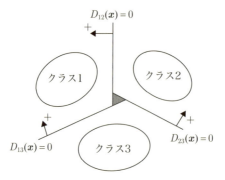

図 2・44　ペアワイズ方式

基準において負となる場合，分類不可能となる．そのため，正負による分類処理にかわって，$\max_i D_i(\boldsymbol{x})$ となるクラスへ分類する方法が広く用いられている．

(b) ペアワイズ方式

図 2・44 に 3 クラス問題におけるペアワイズ方式を用いた場合の識別の様子を示す．はじめに，クラス 1 対クラス 2 における識別

2.3 代表的な学習手法の紹介

基準 $D_{12}(\boldsymbol{x})$ を決定し,入力 $\boldsymbol{x}$ に対して,正であればクラス1,そうでなければクラス2に分類する.これらの処理をクラス1対クラス3,クラス2対クラス3においても行い,それぞれの識別基準 $D_{13}(\boldsymbol{x})$, $D_{23}(\boldsymbol{x})$ を決定する.これらの識別基準の正負を用いることにより,分類処理を行える.ペアワイズ方式では,$n\,(>2)$ クラスにおいて,$\dfrac{n(n-1)}{2}$ 個の識別基準を決定する.一対他方式と同様に図2・44の灰色の領域のように未分類領域が発生するが,一対他方式に比べて小さくなる.また,一対他方式と同様に $D_i(\boldsymbol{x})$ の大小により,未分類領域を解消できる.

(c) 同時定式化方式

図2・45に3クラス問題における同時定式化方式を用いた場合の識別の様子を示す.同時定式化方式では,各クラス間の識別基準の値の大小により分類処理を行い,教師データにおいて属するクラスにおける識別基準が他のクラスにおける識別基準より大きくなるように決定する.そのため,他の拡張方式と異なり,すべての識別基準を同時に決定する.識別基準の大小により判定を行

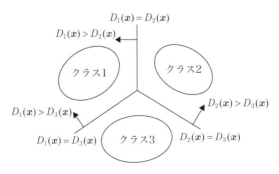

図2・45　同時定式化方式

うため，識別面を除き，未分類領域が発生しない．しかしながら，すべての識別基準におけるパラメータを同時に決定するため，同時に決定するパラメータ数はクラス数が多ければ多いほど計算量が大きくなるという問題点が挙げられる．

(d) 決定木方式

図2・46に3クラス問題における決定木方式を用いた場合の識別の様子を示す．はじめに，一対他方式と同様にクラス1と他のクラスを分類するための識別基準 $D_1(\boldsymbol{x})$ を決定する．次に，クラス2と他のクラス（クラス1を除く）を分類するための識別基準 $D_2(\boldsymbol{x})$ を決定する．図2・46の場合は，クラス2とクラス3を分類するための識別基準である．この処理を，繰り返し，クラス数を n とすると $n-1$ 個の識別基準を求める．ある入力 $\boldsymbol{x}$ に対して，$D_1(\boldsymbol{x}) \to D_2(\boldsymbol{x}) \to \cdots \to D_{n-1}(\boldsymbol{x})$ の順に確認し，はじめに正となる識別基準に対応するクラスへ分類する．すべてが負である場合は，クラス n へ分類する．決定木方式では，同時定式化方式と同様に，未分類領域が存在しない．ただし，選別基準を決定するクラスの順番が変わることにより，識別面も変動する．すなわち，それら

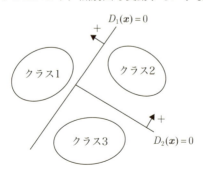

図2・46　決定木方式

2.3 代表的な学習手法の紹介

の順番が汎化能力へ大きく影響を与えることを意味する.

(5) 関数近似用サポートベクトルマシン

回帰問題へ拡張したSVMを関数近似用SVM（SVR：Support Vector Regressor）と呼ぶ．回帰超平面を $D(\boldsymbol{x}) = \boldsymbol{w}^T\boldsymbol{x} + b$ とおく．ここで $\boldsymbol{x}, \boldsymbol{w}, b$ はそれぞれ入力ベクトル，回帰超平面の係数ベクトル（傾き），バイアス項（切片）である．このとき，$D(\boldsymbol{x})$ が入力ベクトル $\boldsymbol{x}$ に対する出力の予測値となる．入力ベクトル $\boldsymbol{x}$ に対する実際の出力値を y としたとき，その残差 r は $r = y - D(\boldsymbol{x})$ で定義される．SVRでは，すべての教師サンプルにおける前述の残差 r がある正数 ε（ε はイプシロンと呼ぶ）より小さくなるように制約を設ける．すなわち，図2·47のような領域内にすべての教師サンプルが存在するような回帰超平面を導く．また，$|r| \leq \varepsilon$ となるこの領域をイプシロンチューブと呼び，イプシロンチューブ内の教師サンプルの予測値との誤差は0とする．回帰超平面と $|r| \leq \varepsilon$ を満たす入力との距離をマージンとおき，SVMと同様にマージンが最大となる $\boldsymbol{w}$ と b を導く．これにより，テストデータにおいても，イプシロンチューブ内，すなわち，$|r| \leq \varepsilon$ となる確率が高くなる．

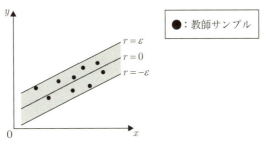

図2·47　イプシロンチューブ

また，SVRにおいても，教師サンプルに対して誤差を許容するために，ソフトマージンSVMと同様にスラック変数ξを導入することが一般的である．このとき，誤差の許容をできるだけ小さくすることとマージンをできるだけ大きくすることはトレードオフの関係にあり，SVMと同様に，マージンパラメータにより調整する必要がある．

(vi) 部分空間法

部分空間法[22]は，日本の物理学者Satoshi Watanabe氏によって提案されたパターン認識問題における識別器の1つである．部分空間法では，クラスごとに属するデータをより表現する特徴を有しており，それらの特徴はクラスごとに異なるという考えから提案された手法である．すなわち，クラスごとに特徴抽出を行い，それぞれ次元数や基底ベクトルの異なる部分空間を生成し（図2・48），それらと入力との類似度を基に，入力を1つのクラスへ分類できると考えている．

部分空間法では，はじめに各クラス部分空間を生成する際，通常PCAを用いる．ただし，通常のPCAでは，生成する部分空間の原点は，元空間における平均ベクトルへ移動させるが，部分空間法における部分空間は原点を移動させない（図2・49）．

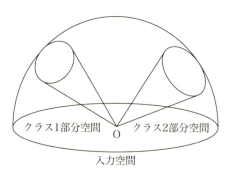

図2・48　部分空間法におけるクラス部分空間（2クラス問題）

2.3 代表的な学習手法の紹介

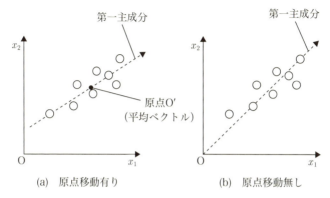

(a) 原点移動有り　　　　(b) 原点移動無し

図 2・49　PCA における原点移動有無の関係

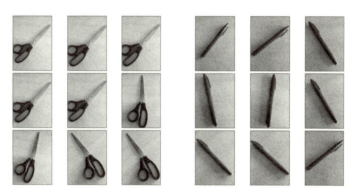

図 2・50　はさみとペンの画像データ

　図 2・50 に示す各 9 枚の「ハサミ」と「ペン」の画像識別問題を例として説明する．はじめに各クラス 9 枚の画像データを教師サンプルとして用いて各クラス部分空間を図 2・51 のように生成する．ここで，図の各クラス部分空間は第一主成分のみ表示している．

　次に，各クラスのテストサンプルを用意し，それぞれを各クラス

2　機械学習の基礎

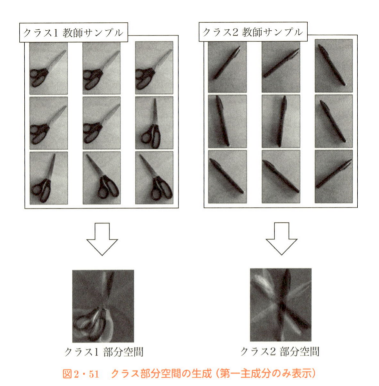

図2・51　クラス部分空間の生成（第一主成分のみ表示）

部分空間へ写像した様子を図2・52に示す．ハサミのテストサンプルにおいて，出力1と出力2を比較すると明らかに出力1が類似している．また，ペンのテストサンプルにおいては，出力2に類似している．この例では，視覚的にどちらに類似しているかどうか判断できたが，通常，テストサンプルのノルムと各クラス部分空間への射影長との比率を類似度とし，類似度を基準に分類処理を行う．

(vii)　**アンサンブル学習**

　読者の皆さんは，クイズ番組などで，1つの問題に対して，複数

2.3 代表的な学習手法の紹介

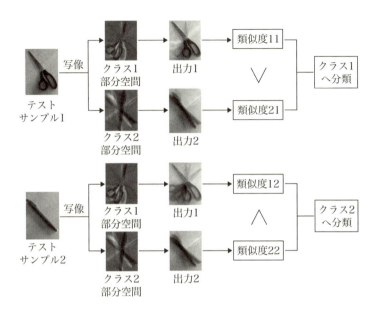

図2・52 部分空間法による分類（2クラス問題）

人で考え，答えを決定する場面を見たことがあるかと思う．著者は，幼少時代にある1人の芸能人が強すぎて，その芸能人対その他の複数の芸能人でクイズ対決をする番組が今でも印象に残っている．1人では，正解を出す確率が低い場合であっても，複数人で協力すれば，ある1人のクイズの強い人物と同等に競えるという考え方である．この考え方は，機械学習においても適用できるという考えから生まれた学習法がアンサンブル学習である．ただし，提案者はクイズ番組から発想を得たわけではないことはいうまでもない．

アンサンブル学習とは，計算量は小さいが，精度が決して高くない識別器（弱識別器）を複数個構築し，それらの結果から1つの解を

2 機械学習の基礎

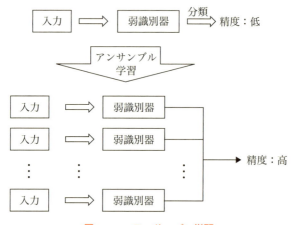

図2・53 アンサンブル学習

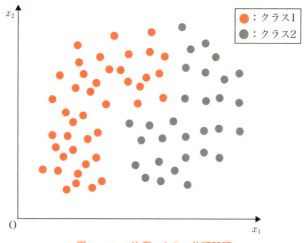

図2・54 2次元2クラス分類問題

求めることにより，SVMなどの強識別器と同等以上の精度を出すことを目的とした学習法である（図2・53）．アンサンブル学習の代表的

2.3 代表的な学習手法の紹介

な学習法として，バッギング，ブースティングやランダムフォレストが挙げられる．

(1) 決定木

アンサンブル学習において，弱識別器として，決定木アルゴリズム[23]が広く用いられる．決定木は，名称から明らかである通り，木構造となっている．ここで，図2・54に示す2次元2クラス分類問題を用いて決定木アルゴリズムの流れを説明する．

図2・55に，決定木アルゴリズムの流れを示す．はじめに，2個の特徴のうち，最も正しく分類のしやすい特徴量に着目する．ここで，はじめにx_1に着目することとする．$x_1 < a$であればクラス1，そうでなければクラス1または2のどちらかに属する．ここで，条件分岐により2分割しているが，分割数は3以上であってもよい．次に，$x_1 \geq a$の場合において，新たに正しく分類のしやすい特徴量を探索する．このとき，選択済みの同じ特徴量は選択可能であり，再度x_1に着目す

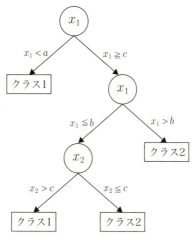

図2・55　決定木アルゴリズム

ることとする．$x_1 > b$ であればクラス2，そうでなければクラス1または2のどちらかに属する．次に，$x_1 \geqq a$ かつ $x_1 \leqq b$ の場合において x_2 に着目し，$x_2 > c$ であればクラス1，そうでなければクラス2に属する．これ以上の枝分かれは不可能であるため，学習終了となる．ただし，過学習となる可能性もあるため，必ずしも全学習サンプルを正しく分類できるまで木構造を深くする必要はなく，あらかじめ深さは人為的に決定できる．ここで，深さが1である決定木を決定株と呼ぶ．また，決定木における分岐の基準として，CART（Classification and Regression Tree）アルゴリズム[23]ではGINI係数，ID3アルゴリズム[24]やC4.5アルゴリズム[25]ではエントロピーなどを用いる．

図2・56に決定された識別ルールから生成された識別面を示す．図2・56の識別面から明らかであるように，決定木による識別面は単純な構造となっており，SVMなどの強識別器に比べ，汎化能力は劣る傾向にある．

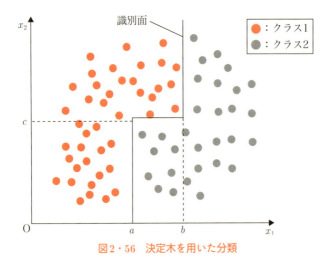

図2・56　決定木を用いた分類

2.3 代表的な学習手法の紹介

(2) ブートストラップサンプリング

ブートストラップサンプリングとは，アンサンブル学習法で広く用いられるサンプリング手法である．図2・57に，サンプル数5個の学習サンプルからブートストラップサンプリングを行う例を示す．図2・57のように，学習サンプルから復元抽出を5回試行し，重複を許したサンプル数5個のデータセットを作成する．

(3) バギング

バギング[26]とは，ブースラップサンプリングにより作成された複数のデータセットを用いて弱識別器を生成し，各識別器の結果を基に出力を決定する学習方法である．前項のブートストラップサンプリング例を用いた場合のバギングの概要を図2・58に示す．各識別器から得られた結果は，パターン認識問題では多数決，回帰問題では平均値が広く用いられる．

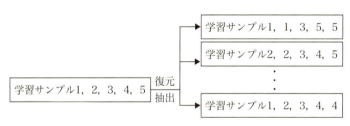

図2・57　ブートストラップサンプリング

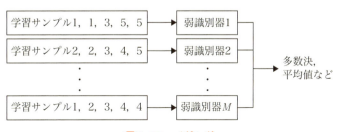

図2・58　バギング

(4) ブースティング

ブースティング[27]は，バギングと同様に複数の弱識別器の結果から強識別器を生成する学習方法であるが，各弱識別器は先に構成された弱識別器に依存する．ブースティングの学習様子を図2・59に示す．初めに，学習データセットの現データを用いて，弱識別器1を構成する．次に，弱識別器1の重要度 α_1，各学習サンプルに対する重み $\boldsymbol{w}_1 = (w_{11}, \cdots, w_{1N})^{\mathrm{T}}$（$N$：学習サンプル数）をそれぞれ決定する．重み付けされた学習データセットを用いて再度弱識別器を生成し，これらの処理を繰り返す．このようにブースティングでは，各弱識別器を逐次的に生成する．そのため，バギングとは異なり，一般に並列処理できない．また，各重み付き出力の線形結合 $\sum_{i}^{M} \alpha_i f_i(\boldsymbol{x})$ から，出力結果を求める．

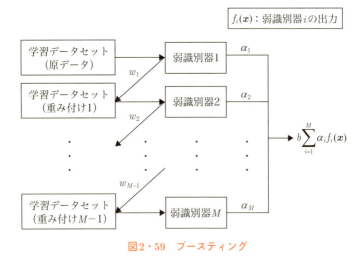

図2・59　ブースティング

2.3 代表的な学習手法の紹介

(5) ランダムフォレスト

ランダムフォレスト[28]は，バギングの拡張方式であり，弱識別器として，決定木を用いている．図2・60に，ランダムフォレストアルゴリズムの流れを示す．バギングと同様に，ブートストラップサンプリングを行い，あらかじめ設定した弱識別器の数と等しい数のサンプリングデータセットを抽出する．次に，各サンプリングデータセットにおいて，特徴量を無作為選択する．ここで，各サンプリン

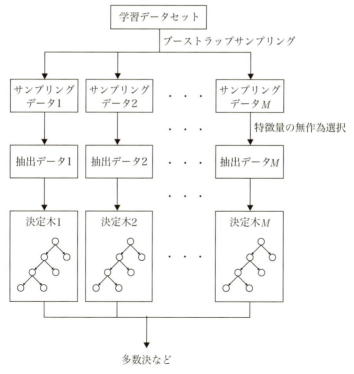

図2・60 ランダムフォレスト

2 機械学習の基礎

グデータセットにおいて，選択される特徴量の組み合わせは異なってもよい．次に，それらの抽出データを用いて，それぞれ決定木により弱識別器を生成する．すなわち，弱識別器生成時において，全特徴量を用いるバギングとは異なり，一部の特徴量で弱識別器は構成される．得られた各出力から多数決などにより，最終出力を決定する．ランダムフォレストでは，バギングやブースティングに比べて，高い汎化能力を持つ傾向にあり，また次元数が大きい問題において高速な学習が可能である．また，バギングと同様に各弱識別器（決定木）はそれぞれ独立して学習を行うため，学習の並列処理が可能である．

2.3 代表的な学習手法の紹介

コラム 「日本人らしい考え『ファジィ』」

ファジィ理論[29]は，1965年にアメリカ合衆国の数学者Lotfi Asker Zadeh氏に提唱されたファジィ集合の理論である．「ファジィ（fuzzy）」という単語の和訳は，「曖昧な」である．実に，多くの日本人に当てはまる言葉ではないだろうか．図2・61に，ある質問に対するファジィな回答の例を示す．質問者は，明日の部活に行くかどうかを友人に尋ねており，この質問が入力である．ここで考えられる集合は「行く」「行かない」の2種類である．しかしながら，回答者は「ちょっと難しいかもね」という曖昧な表現を返している．この回答では，行くか行かないか断定することはできない．しかしながら，質問者はその回答を得て，行かない可能性の方が行く可能性に比べて高いと判断でき，「そっか」と納得している．

図2・61 ファジイな回答例

ファジィ理論では，曖昧性を数学的に表現する理論であり，ファジィ集合は属するか属さないかの明確な境界がない．すなわち，YES（1）かNO（0）の2値問題ではなく，それらの集合らしさ（メンバーシップ）を表す連続値を出力することで出力の自由度を上げることができる．ファジィ理論は提案当時，多くの研究者から批判を浴びていたが，現在では，機械学習やその他の分野においても広く活用されている．

2 機械学習の基礎

2.4 モデル選択

多くの学習手法では，各々の最適化処理に基づき，自動的に目的に応じたパラメータを求めて出力するが，すべてが自動的に求まるわけではなく，あらかじめ人為的に決定するパラメータが存在することが大多数である．これらのパラメータをハイパーパラメータと呼ぶ．

通常，ハイパーパラメータは，学習性能に大きく影響し，目的に応じた最適なハイパーパラメータを選択することが重要となる．この選択をモデル選択と呼ぶ．モデル選択の方法として，ヒトがこれまでの経験に基づいて人為的に決定する手法と教師データを用いて機械に各パラメータを用いたときの汎化能力を予測させることにより最も汎化能力の高くなる可能性の高いハイパーパラメータを選択する手法の2種類に分類される．本章では，後者の最も代表的なモデル選択手法の1つである分割交差検定法[30]について説明する．

図2・62にk分割交差検定法の流れを示す．はじめに，決定する必要のある各ハイパーパラメータについて，それぞれ候補となる値を複数用意する．次に教師データをk個の部分集合に等分割する．分割された部分集合のうち，k−1個を教師データセット，その他の1個の部分集合をテストデータセットとする．このとき，各ハイパーパラメータをそれぞれ1個ずつ選択した組み合わせを考えられえる組み合わせ数分用意し，それぞれの組み合わせにおいてそれぞれ教師データセットを用いて学習し，テストデータを用いて，それぞれの組み合わせにおける性能を求める．次に，テストデータセットを別の部分集合と入れ替え，再度，同様にテストデータを用いた性能を求める．これらの処理を，テストデータを入れ替えることにより，k通り行う．

2.4 モデル選択

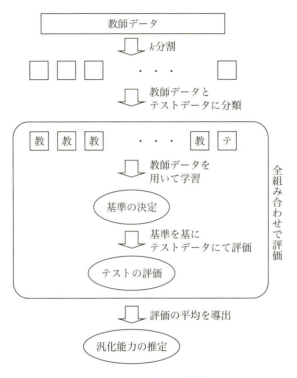

図2・62 分割交差検定法

これにより，ハイパーパラメータの各組み合わせにつき k 個の性能が求められ，それぞれについて平均性能を求める．これらの平均性能を推測される汎化能力とし，最大性能を示したハイパーパラメータ群を選択することにより，実問題においても高い汎化能力を期待できる．k の値を大きくすることにより，推測制度を向上させることができ，可能な最大分割数である教師データ数分に分割した場合をLeave-One-Out（LOO）法と呼ぶ．しかしながら，分割数が増加

2　機械学習の基礎

するほど，学習回数と1回当たりの教師データ数が多くなり，大規模データにおいて，計算量が膨大となりうる．そのため一般的に，$k = 5$ or 10 とすることが多い．

2.5　群知能で最適解を発見する !!

　皆さんは大勢の人がにぎわう場所で歩いたことはあるだろうか？縁日で目的地に行くために，大変な思いをしたことはないだろうか？ただ，実は私たちは全く見ず知らずの人々とコミュニケーションを取らなくとも，ルールを共有していたのではないかとふと思うことがある．ある通路でそれぞれ上下の異なる方向へ人々が歩く様子を例に挙げる．図2・63（a）のように，はじめは進む方向に関係なく，無作為に配置している．次に，図2・63（b）のように右下の上方向に進む人が右側によけたとすると，前の下方向に進む人も避けるように右側によける．その後ろにいる下方向へ進む人は前の人に倣って右側へよける．このように，逆方向へ進む人を避け，かつ同方向に進む人の動きに合わせることにより，通行の流れはスムーズになる．これらの動作を繰り返していくことにより，図2・63（c）のように，人の流れが収束していく．彼らは，統率者を必要とせず，群として行動を共有し，最適な行動をとったといえる．

2.5 群知能で最適解を発見する!!

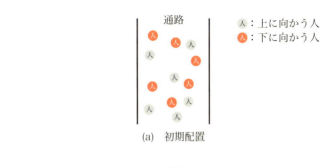

(a) 初期配置

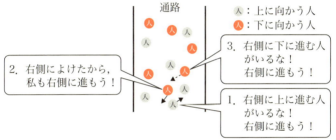

(b) 移動方向（避ける方向）の決定

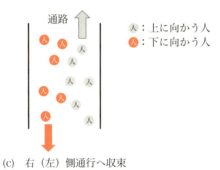

(c) 右（左）側通行へ収束

図2・63　歩行方向の収束様子

2 機械学習の基礎

群知能とは、例に挙げたような局所的な情報をそれぞれの個体が持ち、それらの情報を属する群れに共有することにより、ある目的に対して精度の高い集合的な振舞いを行うことを示す。本章では、群知能を用いた最適化について述べる。

(i) 粒子群最適化

粒子群最適化（PSO：Particle Swarm Optimization）[31]では、それぞれ位置・速度情報、その地点における獲得できる報酬情報を有した複数の粒子を準備し、それらの情報を共有することによって、最適化位置を探索する。ここで報酬は、ある目的関数の最小化問題であれば、その地点における目的関数値が小さければ小さいほど報酬が大きくするなどして決定する。PSOは、巡回セールスマン問題などの組み合わせ最適化問題や前章のモデル選択などにも広く適用される。図2・64に、PSOによるモデル選択の例を示す。図2・64（a）は、各粒子の初期配置を示している。例では、格子状に初期配置を設定しているが、探索範囲から無作為に設定してもよい。例では、粒子位置の習性10回目（図2・64（b））において、ある程度収束性が見られ、修正20回目（図2・64（c））にはそれぞれ約0.08、0.40付近で粒子が収束している。

2.5 群知能で最適解を発見する!!

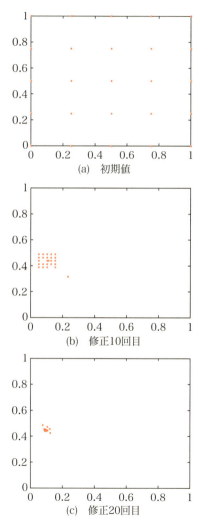

図2・64 PSOによる収束の様子

2 機械学習の基礎

⒤ 蟻コロニー最適化

蟻コロニー最適化（ACO：Ant Colony Optimization）[32]とは，蟻の
フェロモンを用いて最適な経路生成を行う過程を模倣した組み合わ
せ最適化手法である．蟻は，体内で生成されるフェロモンを通過し
た経路に輩出し，また，フェロモンを道標として行動する．ここで，
フェロモンは時間がたつにつれ蒸発し，最終的には消失するものと
する．経路が二手に分かれているとき，フェロモンの濃度が高い経
路を選択する．図2・65に，途中に障害物がある場合の餌場までの
最短経路を選択するまでの蟻の行動を示す．図2・65(a)のように蟻
が障害物にはじめてたどり着いた際，上下のそれぞれの方向へ蟻は
回避する．このとき，上方向の経路を①，下方向の経路を②とする
と，経路①を辿った蟻が先に餌場にたどり着き，経路②をたどった
蟻は障害物を越える最中である（図2・65(b)）．餌を持ち帰る際にも，
フェロモンを辿るように帰るが，経路②，④は餌場までフェロモン
がないため，すべての蟻が経路①の逆方向である経路③をたどって
帰ろうとする．この結果，経路①，③におけるフェロモン濃度が高
くなり，後で餌場を目指す蟻は経路①を優先的に辿ってくる．次第
に，経路②を通る蟻は少なくなると同時に，フェロモンも蒸発して
いくため，最終的に図2・65(c)のように，経路②のフェロモンは消
失し，すべての蟻が経路①，③を通ることになる．

2.5 群知能で最適解を発見する!!

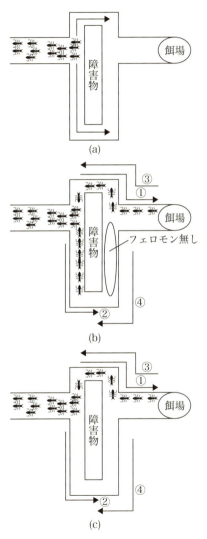

図 2・65 蟻コロニー最適化概念図

ⅲ) 人工蜂コロニーアルゴリズム

人工蜂コロニー（ABC：Artificial Bee Colony）アルゴリズム[33]は，蜜蜂の群れにおける採餌行動を模倣した群知能アルゴリズムである．

蜜蜂は，最良の餌場を①働き蜂（Employed Bee）②傍観蜂（Onlooker Bee）③偵察蜂（Scout Bee）の3種類の異なる行動をとる蜂により探索・更新する．それぞれの役割を以下に示す．

① 働き蜂（Employed Bee）

各働き蜂はある1つの餌場を記憶しており，その餌場周辺を探索する（図2・66(a)）．餌場の移動がなければ，次第に餌場に餌がなくなるため，新たな餌場を探索するために偵察蜂となる．

② 傍観蜂（Onlooker Bee）

傍観蜂は，巣に待機しており，戻ってきた働き蜂から餌場の情報を得て，その情報を基に餌場を決定し，働き蜂と同様にその餌場周辺を探索する（図2・66(b)）．

③ 偵察蜂（Scout Bee）

働き蜂から変化した偵察蜂は，新たな餌場を求め，別の場所を探索する（図2・66(c)）．

ここで，各蜂における名称の日本語訳は複数存在し，書籍や論文によってそれぞれ異なる．

ABCアルゴリズムは特に，高次元問題において高い性能を示す傾向にあり，現在，最適化問題に広く適用されている．

2.5 群知能で最適解を発見する!!

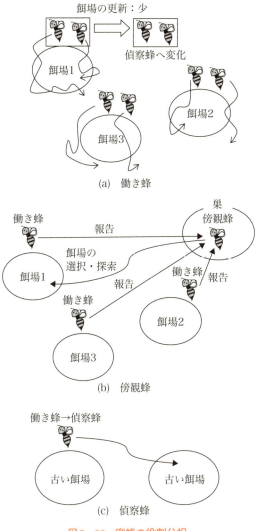

図2・66 蜜蜂の役割分担

2 機械学習の基礎

⒤ カッコウ探索

　カッコウ探索[34]とは，カッコウの托卵をヒントにした群知能アルゴリズムである．托卵とは，他の種類の鳥に自身の卵と雛を育てさせる繁殖方法である．カッコウの雛は，自身の生存確率を向上させるため，卵から短期間で孵化し，他の卵を巣から落とす．また，すでに孵化している他の雛から餌を独占することにより，他の雛を餓死に追いやる．そして，巣の主である他の種類の親鳥は，カッコウの雛を自身の雛と思い込み，自身より明らかに巨大な雛であろうと餌を与え続け，懸命に育てる．非常に残酷な生存方法だが，雛を懸命に育てる習性を効率的に利用した方法である．カッコウ探索では，この托卵行為とレヴィフライトと呼ばれる探索方法を用いて，最適解の探索を行う．

機械学習の応用

前編まで,機械学習の概要,パターン認識問題などの適用される問題,学習方法などについて説明した.本編では,現在の機械学習ブームのきっかけとなった深層学習や自然言語処理などの機械学習を用いた応用技術などを説明し,今後どのような発展が期待されるかを述べたい.

3.1 ハードが機械学習を支えている!!

深層学習をはじめとする機械学習アルゴリズムが発展することにより,画像認識,音声認識,自然言語処理などの様々な分野において,実社会で実用可能な機械学習システムが広まっている.しかしながら,これらのアルゴリズムが機械学習研究開始当初に提案されていたとしても,これほど広まってはいなかったのではないだろうか.なぜなら,ネットワーク社会である現在と比べて,当初はデータの獲得が容易ではなく,さらに計算機性能やセンサ技術も発展していなかったためである.本章では,機械学習を支えているハード技術の発展に触れていく.

(i) CPU性能の向上

SVMや深層学習などの機械学習手法は,高い汎化性能を期待できる.しかしながら,計算処理が複雑となり,学習サンプル数が大きければ,膨大な計算コストを必要とする.機械学習研究者達は長年,汎化性能を維持し,かつ計算コストを削減する数多の学習アルゴリズ

3 機械学習の応用

ムを提案してきたが，それには限界が必ずある．このため，計算機性能の向上が必要不可欠である．計算処理性能を最も左右するハードウェアとして，中央処理装置（CPU：Central Processing Unit）が挙げられる．もちろん，メモリなども重要となるが，本節ではCPUについてのみ述べる．

CPUとは，命令を読み込んで制御・演算処理を行う処理装置であり，人間の脳によく例えられる．すなわち，CPUの処理速度が上がれば，計算処理速度が上がると考えてよい．CPUは大規模集積回路（LSI）技術の向上と共に飛躍的に向上してきた．皆さんは，ニュースなどにもよく取り上げられているムーアの法則をご存じだろうか．インテル社創設者の1人であるGordon Moore氏が1965年に発表した論文から生まれた法則である．この法則は，半導体の集積度は18〜24か月ごとに倍増していくという経験則を踏まえた考えである．ただし論文上では，このように記されているわけではない．しかしながら，この法則が提唱されてから約50年間，研究者たちは法則を目安に技術を向上させていき，法則が正しいということを実証してきた．集積度増加はCPUに対しても大きく影響するため，CPU性能も法則におおよそ従って，向上している．しかしながら，トランジスタの微細化も限界が近づいていき，数年でムーアの法則は崩れるかもしれないという話も出ている．ただし，2017年現在でも微細化は継続しており，法則は崩れていない．また，集積度の向上が進み，クロック周波数も共に向上してきたが，消費電力や発熱が大きくなりすぎるなどという問題点に直面した．現に，一般的なCPUのクロック周波数は，3〜4GHzに達して以降，それほど変化はないだろう．近年では，マルチコア化による並列演算処理が最も注目されている．CPUの内部には，実際に演算処理を行うコアが存在し，

3.1 ハードが機械学習を支えている!!

従来はシングルコアが用いられてきた．しかしながら，前述の問題点により，シングルコアによる計算処理性能向上が困難となったため，コア数を増加させることにより，これらの問題点を解消させている．また，コア数を増加させるのみでなく，1個のコアに対して2個のスレッドを持たせることもある．図3・1に，シングルコアとデュアルコア（スレッド数：2）とデュアルコア（スレッド数：4）の処理の流れを示す．

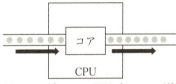

(a) シングルコア CPU（1スレッド）

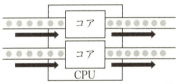

(b) デュアルコア CPU（2スレッド）

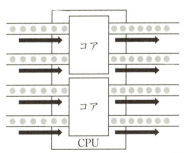

(c) デュアルコア CPU（4スレッド）

図3・1 マルチコアCPUによる並列処理

3　機械学習の応用

図3・1(a) のように，シングルコアでは，1個のコアで与えられた処理を順にこなしている．一方，図3・1(b) のように，デュアルコアでは2個のコアで，それぞれ処理を並列して行えている．また，図3・1(c) のように，各コアのスレッド数が2個であれば，各コアが2個の処理を同時にしており，計4個の処理を並列して行えている．近年は，主なCPU性能向上の方法として，マルチコア化またはマルチスレッド化などの並列処理化が挙げられる．さらに，これらのような並列処理化に着目した代表的な方法がGPUによる演算処理である．GPUの演算処理については，次節で説明する．

> **コラム　「マルチコアとマルチスレッド」**
>
> 　マルチコアとマルチスレッドは共に同時に複数の処理を行うという点で同じだが，異なることを理解していただきたい．これらの違いを分かりやすく説明するため，コンビニ店員を例に挙げてみる．コア数は店員数でスレッドは1人の店員がほぼ同時にこなせる動作数である．すなわち，コア数が2個であれば，2人の客に対して同時に対応でき，スレッド数が2個であれば，レジ打ちと袋詰めをほぼ同時にできる．すなわち，1コア当たりのスレッド数が複数である店員はスレッド数が1個である店員よりも効率的に接客できる．ただし，ある程度並列して処理できるだけであり，もちろん2人で接客した方が速い．すなわち，デュアルコア（スレッド数：2）とシングルコア（スレッド数：2）であれば，前者の方が処理は速い傾向にある．また，デュアルコアにしたとしても，単純にシングルコアの処理速度の2倍とならないことを注意したい．

(ii)　GPUによる並列演算処理の登場

　画像処理装置（GPU：Graphics Processing Unit）（図3・2）とは，画像の描画などの画像処理を行う装置である．画像描画において，座標変換や各ピクセルの明るさの計算などを行い，膨大な演算処理が必要となる．そのため，GPUでは，多数の演算を並列処理するた

3.1 ハードが機械学習を支えている!!

図3・2 NVIDIA GPU

めに，多数の演算器が搭載されている．GPUによる並列演算処理性能も向上し，2000年代では汎用性も飛躍的に向上した．こうしたことから，2000年代では，数値計算における並列演算処理に適用されていくこととなる．数値計算など画像処理以外でGPUにより演算処理を行うことをGPGPU（General Purpose GPU）と呼ぶ．GPUはCPUに比べて，1個の演算における処理速度は遅く，複雑な演算はできないが，マルチコア・マルチスレッドCPUに比べて，同時に処理できる演算数が膨大である．そのため，CPUに比べて高速な並列演算処理が可能であり，多数の成果が出ている．また，GPUは価格の面においても優れており，広く注目されるようになった．スーパーコンピュータは従来，多くのCPUを搭載し，それらで並列演算することにより，演算速度の高速化を実現してきたが，近年の多くのスーパーコンピュータがCPUとGPUを搭載しており，大きな成果をあげている．

ⅲ 機械学習向けプロセッサTPUの登場

前節までに説明したように，CPU性能の向上やGPUによる並列演算処理の活用により，飛躍的に計算速度が向上している．これにより，機械学習の実用性がさらに大きくなっている個とは明確である．しかしながら，深層学習などのように大規模演算が必要な機械

3 機械学習の応用

(c)Google

図3・3 Tensor Processing Unit

学習アルゴリズムを適用するためには，さらなる演算処理速度の向上が必要不可欠となる．そこで，2016年にGoogle社が開発した機械学習処理を前提としたTPU（Tensor Processing Unit）がGoogle I/O2016にて初めて発表された（図3・3）．ムーアの法則が崩れようとしている現状から，ソフトに特化したプロセッサの開発が必要不可欠であるという考えから生まれたといわれている．TPUを用いた代表的なソフトの1つとして，囲碁の世界チャンピオンに勝利した「AlphaGo」が挙げられる．TPUでは，高速処理を可能とするために，演算精度を抑え，トランジスタ数を削減しており，Google社が発表した論文によると，処理速度はCPUなどに比べて，約15-30倍程度向上したという結果が得られたとされている．2016年に登場した初代TPUが実行できる処理は，推論処理のみであり，学習処理は考慮されていない．しかしながら，2017年に第2世代TPUが発表され，学習処理が可能となっている．今後，さらに性能を向上させ，機械学習において必要不可欠な装置となるか非常に楽しみである．

(ⅳ) **センサ技術の向上**

前節まで，今後さらなる計算の複雑化が予想される機械学習にお

3.1 ハードが機械学習を支えている‼

いて必要不可欠な計算機性能の向上について述べた．しかしながら，学習において重要な役割はアルゴリズムや計算性能だけではない．必ず必要となる入力である．どれほど優れたアルゴリズムや計算性能を持っていたとしても，入力がなければ意味をなさない．ネットワーク技術が発展することにより，数多くのデータが容易に手に入り，機械学習アルゴリズムの性能評価や多くの実問題への適用が可能となってきている．しかしながら，ほしいデータは必ずしもインターネットなどで手に入るとは限らない．例えば，個人認証では，個人の情報がインターネットで入手可能であれば，大問題である．各企業や各個人において，学習などに必要なデータはその場で取得する必要がある場合も多く，その場合は，センサなどを用いて取得する必要がある．図3・4に一部のセンサの例を示す．図3・4(a)のカメラは，人間で例えると目にあたり，性能が悪いということは，視力が悪いこととなる．視力の低い人は，眼鏡やコンタクトレンズを外したとき，知人であっても気付かない場合があることと同様で，脳に正確な情報が伝えられない．図3・4(b)のマイクは，人間に例えると耳であり，ノイズが大きいと正しく聞き取れないだろう．これらのように，センサ性能が低ければ，学習性能も悪化し，使用者の望む結果が得られない．これらのことなどから，センサ技術の向上は機械学習にとって非常に重要であるといえる．また，センサ技術の発展により，現在においても様々なデータを容易に取得できる．その一例として挙げられるセンサが，図3・4(c)で示したモーションキャプチャセンサである．モーションキャプチャとは，人間の動作などのデータを取得することである．モーションキャプチャの多くは，マーカやセンサなどを被験者の身体に装着し，それらの動作をデータとして得る．しかしながら，実問題において，すべての人

103

3 機械学習の応用

が装着することを前提とすることは困難である．また，モーションキャプチャ方法によっては，実験を行うための空間を別に用意する必要性もある．そこで登場したモーションキャプチャセンサが図3・4(c)に示すMicrosoft社製Xbox One Kinectセンサーである．ただし，Kinect以外にも類似した製品があるが，本書では，Kinectを代表例の1つとして挙げている．Kinectは，ゲーム機のコントローラとして発売されたが，その性能の高さから多くの研究者などから，研究などのゲーム以外の観点から広く用いられている．Kinectには，深度センサやカメラやマイクロフォンやプロセッサが搭載されており，マーカなどを被験者が装着することなく，被験者までの距離や動作や骨格を検出できる．マーカなどを装着するモーションキャプチャに比べて，性能は劣るが，実利用可能な性能を持つ．特に，Kinectは非常に安価であり，設置場所の自由度が高いことから，これまで敷居が高かったモーションキャプチャ研究が活発

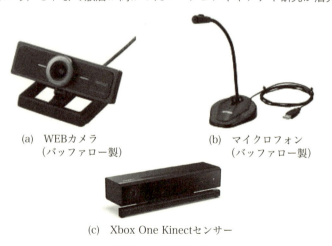

(a) WEBカメラ　　　　　(b) マイクロフォン
　　(バッファロー製)　　　　　 (バッファロー製)

(c) Xbox One Kinectセンサー

図3・4　各種センサ

3.2　機械学習界の救世主「深層学習」

にされるきっかけとなったといえる.

　前述にもある通り, 紹介したセンサは, あくまで数多く存在するセンサのほんの一部に過ぎない. 多種多様のセンサが生まれることにより, 多くの問題において, 機械学習が適用可能となることは明らかである.

3.2　機械学習界の救世主「深層学習」

　機械学習を学ぶにあたり, 深層学習 (ディープラーニング) について知ることは必須であろう. 最近では, 「機械学習」と検索すると, その記事には「深層学習」という言葉も共に記事内で記載されていることがしばしば見受けられる. 深層学習は, 2000年代中ごろから, 大きな研究成果をあげられはじめ, 現在の機械学習ブームを引き起こすこととなる.

　深層学習とは, 多層ニューラルネットワークにおける層の数を従来と比べて大きく, すなわち深い層を取り入れたニューラルネットワークのモデルであり, 様々な分野で高い性能を示している.

(i)　多層化において解決しなければならない問題

　多層ニューラルネットワークにおいて, 中間層の数を増加させれば, より複雑な最適化が行えることは, 直感的に理解できるであろう. しかしながら, 深層化において, 大きな障害となる問題の1つとして, 勾配消失問題が挙げられる.

　図3・5のように, m 層 ($m>1$) の中間層をもつ多層ニューラルネットワークにおいて, 誤差逆伝播法と確率勾配法を用いて最適化を行うとする. 計算式は省略するが, 誤差逆伝播法を用いたとき, 出力層から入力層へ向かって, 勾配と重みの線形計算していく. このため, 層が進むにつれ勾配が0に近づいていき, 勾配が消失する

3 機械学習の応用

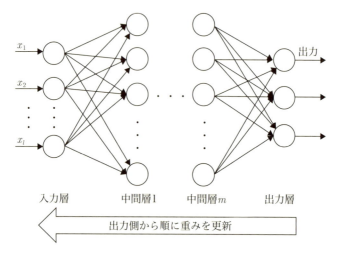

図3・5 多層ニューラルネットワーク（中間層：m）

可能性がある．また，重みが大きいと逆に発散していくこととなる．すなわち，入力層へ伝播するにつれ，層間の重みの学習が困難となりやすい．この問題を勾配消失問題と呼ぶ．勾配消失問題は第2次ニューラルネットワークブーム終焉のきっかけとなった問題の1つであり，ニューラルネットワークを適用する際，この問題を見過ごせない．

(ii) **事前学習で勾配消失問題を回避しよう！**

2編で述べた通り，ニューラルネットワークにおいて，層間の重みにおける初期値は学習性能に対して，大きく影響する．そこで，事前に初期値を学習することにより，学習性能の向上が期待できる．また，事前学習を行うことで，勾配消失問題も解消できることを提唱されている．本節では，深層学習における事前学習に広く用いられる自己符号化器（オートエンコーダ）とボルツマンマシンについて説

明する．
(1) 自己符号化器

自己符号化器[35]は，ニューラルネットワークのモデルの1種であり，入力に対する目標値を入力とする．すなわち，自己符号化器では，出力を入力に可能な限り近似するネットワークを構成する．3層構造の自己符号化器において，l次元入力$x=(x_1, x_2, \cdots, x_m)^T$に対する中間層の各ユニット（ユニット数$m$）への$l$次元重みベクトル，バイアス項を$\boldsymbol{w}_i(i=1, \cdots, m), b$，中間層の各ユニットから出力層への$m$次元重みベクトル，バイアス項を$\boldsymbol{w}'_i(i=1, \cdots, i), b'$としたとき，図3・6のように表せ，入力$\boldsymbol{x}$と出力$\boldsymbol{x}'$の誤差を最小とする各パラメータの最適解を求める．

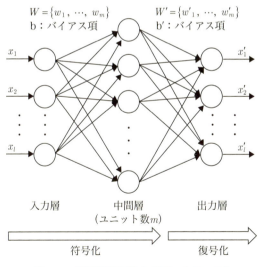

図3・6　自己符号化器（3層ネットワーク）

このとき，中間層と出力層の活性化関数を $f(x)$, $f'(x)$ としたとき $f(W^\mathrm{T} x + b)$, $f'(W'^\mathrm{T} x + b')$ を用いた変換をそれぞれ符号化（エンコード），復号化（デコード）と呼ぶ．

自己符号化器の目的は，出力 x' を求めることではなく，中間層からの m 次元出力 $f(W^\mathrm{T} x + b)$ を求めることにある．すなわち，特徴抽出と同様に，入力から異なる次元数の特徴量を抽出することを目的としている．ここで，活性化関数が恒等関数，かつ $m < l$ である場合，得られる解は PCA と等しくなる．

自己符号化器を用いた深層学習における事前学習では，符号化部分のみを用いて，各層間の重みを初期化する．はじめに，入力 $x_i^1 (i = 1, \cdots, 5)$ の入力を図 3・7(a) のように符号化し，出力 $x_i^1 (i = 1, \cdots, 4)$ を得る．次に，$x_i^1 (i = 1, \cdots, 4)$ を入力として，図 3・7(b) のように符号化を行い，出力 $x_i^2 (i = 1, \cdots, 3)$ を得る．
このように，符号化を繰り返し，図 3・8 のように 1 個のネットワークを構成させる．これを積層自己符号化器と呼ぶ．ただし，本書では繰り返し回数を 2 回としているが，操作者が問題に応じて，自由に決定できる．

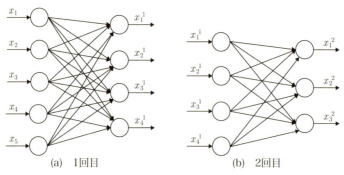

(a) 1回目　　　　　　　　(b) 2回目

図3・7　符号化の繰り返し

3.2 機械学習界の救世主「深層学習」

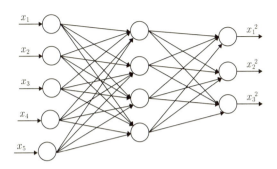

図3・8　積層自己符号化器

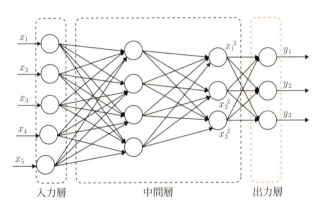

図3・9　積層自己符号化器を用いた多層ニューラルネットワーク

このネットワークにおける各層間（入力層→中間層，または，中間層→中間層）の重みやバイアス項を多層ニューラルネットワークの重みの初期値とおく．ただし，図3・8は出力層を考慮していないため，図3・9のように出力層を追加する．ここで，最終中間層と出力層間の重みの初期値は無作為に決定する．

　積層自己符号化器によって事前学習されたネットワークを通常と

3 機械学習の応用

同様に,学習することにより,勾配消失問題が起きる可能性が削減され,良い結果が得られる.ただし,勾配消失の可能性が大幅に削減される理論は,現時点で解明されていない.そのため,あくまで経験則であることを留意していただきたい.

(2) ボルツマンマシン

ボルツマンマシン[10]は,ホップフィールドネットワーク[1]のモデルの1種である.ここで,ホップフィールドネットワークの説明は省略する.ボルツマンマシンのネットワーク構造を図3・10に示す.

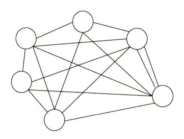

(a) 不可視ユニットなし

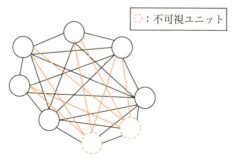

(b) 不可視ユニットあり

図3・10 ボルツマンマシン

3.2 機械学習界の救世主「深層学習」

図3・10のように、ボルツマンマシンは各ユニット間の結合に向きが存在していない。また、図3・10(a)では、各ユニットがデータに対応しているが、図3・10(b)では、データに対応しないユニット（不可視ユニット）をもつ。不可視ユニットを持たせることにより、モデル分布の自由度を高くできるとされている。本書では、不可視ユニットを導入したボルツマンマシンを前提とする。

ボルツマンマシンでは、各ユニット間の結合により重みとバイアスが付与されており、それらを用いたネットワーク全体のエネルギー関数を求める。ここで、ユニット間の結合は無方向であるため、i, j番目のユニット間における重みw_{ij}, w_{ji}は等しい。学習部において、このエネルギー関数を用いて定義された可視化ユニットの確率分布を基に最尤推定により、尤度関数を最大とする各ユニット間の各重みと各バイアスを決定する。また、通常のボルツマンマシンは、可視ユニット同士間や不可視ユニット同士間においても結合が許されるが、これらの結合を許さないモデルを制限ボルツマンマシン（図3・11）[36]と呼ぶ。制限ボルツマンマシンは、自己符号器化と同様に、深層学習における事前学習に広く用いられる。

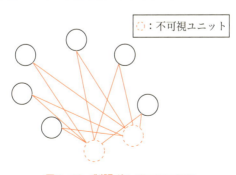

図3・11　制限ボルツマンマシン

3 機械学習の応用

図3・11より,制限ボルツマンマシンは2層のニューラルネットワークモデルと考えることができる.ただし,通常のネットワークモデルと異なり,ユニット間の結合は通常のボルツマンマシンと同様に,向きがない.すなわち,「可視化層→不可視化層」と「不可視化層→可視化層」における各重みは等しい.また,向きを考慮したとき,以下の3層ネットワークモデル(図3・12)とおける.はじめの可視化層における各ユニットに各入力変数を設定したとき,「可視化層→不可視化層」間の重みとバイアスの値により,不可視層における分布が求まる.同様に,不可視層における各ユニットの変数と「不可視化層→可視化層」間の重みとバイアスの値により,最後の可視化層における確率分布が求まる.このとき,各重みとバイアスは,通常のボルツマンマシンと同様に,出力される分布が真の分布に最も近くなるように最適化する.

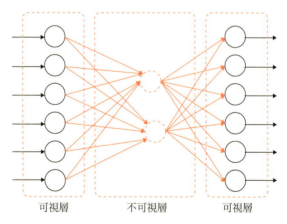

図3・12 制限ボルツマンマシン(向きを考慮)

3.2 機械学習界の救世主「深層学習」

制限ボルツマンマシンは，目標出力を入力とする自己符号化器と似た処理をしており，積層符号化器と同様に，複数の不可視層を積んだディープボルツマンマシンにより，多層ニューラルネットワークの事前学習が行える．自己符号化器と比べることも多く，性能の観点から一般に，制限ボルツマンマシンは自己符号化器と比べて優れているといわれている．ただし，積層自己符号化器による事前学習において，入力にノイズに加えることなどにより，同等の性能が得られるといわれている．

(ii) 畳込みニューラルネットワーク

畳込みニューラルネットワーク（CNN：Convolutional Neural Networks）[37]は，画像認識における機械学習アルゴリズムにおいて，現在，欠かせない手法である．1編で述べた2012年に開催された画像認識コンテストILSVRC2012にて，従来の記録を大幅に更新し，世界中の機械学習研究者を驚かせたシステムもCNNが用いられている．それ以降，画像認識を行う際，CNNを用いた研究が急増している．1編に述べた猫を自動的に学習することに成功したシステムにおいても，CNNが用いられている．

CNNは一般に，図3・13のように，畳込み層とプーリング層の繰り返しと全結合層からなる．

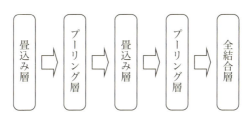

図3・13　畳込みニューラルネットワーク概要図

3 機械学習の応用

ただし、畳込み層とプーリング層は、必ずしも交互に繰り返されるわけでなく、畳込みなどを繰り返すことも可能である。また、全総数は自由に決定することができ、これらの層以外にも正規化層など、必要に応じて挿入することもある。本節では、CNNについて、各層の概要も含め、説明する。

(1) 画像入力はそのままで！

一般に、ニューラルネットワークなどの学習器おいて、画像データなどの2次元配列データは、入力の前に1次元配列に変換する。例として、6×5の画像入力をベクトル変換する例を示すと、図3・14のように、30次元のベクトルを構成する。しかしながら、CNNにおける入力部では、画像データをベクトル化することなく、2次元配列の状態で入力する。これにより、各画素における周辺の画素を考慮できる。

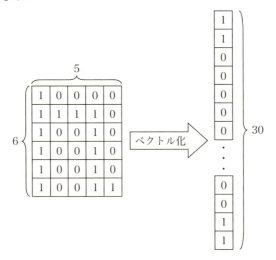

図3・14 2次元配列のベクトル化

3.2 機械学習界の救世主「深層学習」

(2) 畳込み層

ここでは，図3・14の6×5の画像入力を例として，畳込み層の処理を説明する．はじめに，あらかじめサイズを人為的に決定した2次元配列フィルタを用意する（図3・15(a)）．ここでは，3×3の2次元配列フィルタとする．このフィルタを図3・15(b)のように，一番左上から右または下へ移動させ，対応するピクセル同士の積とそれらの総和をそれぞれ求める．すなわち，一番左上の局所画像をフィルタにかけたとき，$1\times1+0\times1+0\times0+1\times0+1\times0+1\times1+1\times0+0\times1+0\times0=2$ となる．この処理を畳込みと呼ぶ．フィルタは無作為に決定してもよいが，エッジ検知やぼかしなど目的によって，フィルタの種類を決定することもできる．

フィルタの右または下への移動距離をストライドと呼び，ストライドはあらかじめ人為的に決定する．ここで，ストライドは1としたとき，図3・16のような畳込み結果が出力される．ただし，フィルタの数は通常，多数用意する必要があり，全フィルタにおいて畳込みを行う．また，畳込みの計算は，非常に単純であるが，画素数

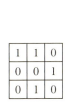

(a) フィルタ

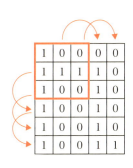

(b) 局所画像への畳込み

図3・15 フィルタと畳込み

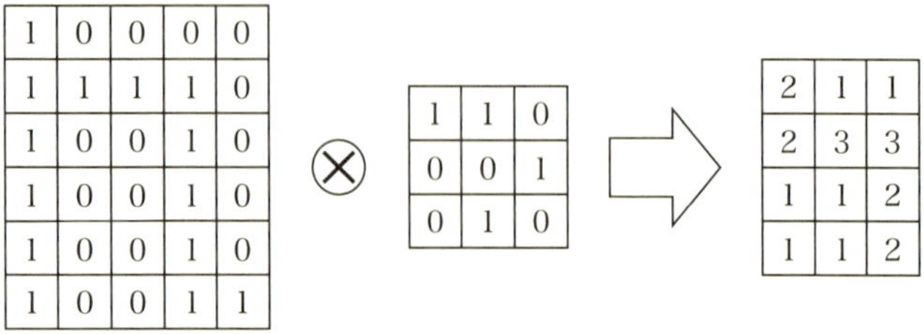

3　機械学習の応用

図3・16　畳込み結果

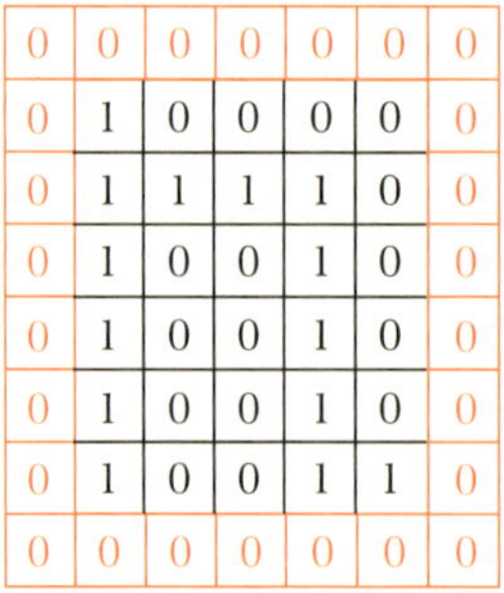

図3・17　ゼロパディング

が大きく，ストライド数が小さければ，計算回数も大きくなり，計算コストが膨大となりうる．そのため，並列演算などによる計算の効率化が必要不可欠となり，3.1で述べたGPUによる並列演算処理などが重宝されている．

　画像データを畳込みしていく際，画像端の画素は画像中心付近の画素に比べて，計算に用いられる回数が明らかに減少する．そのため，図3・17のように，画像データの外側に値が0の画素を追加することにより，解消する方法が度々とられている．この手法をゼロパディングと呼ぶ．ただし，追加する画素内の値は0以外を取るこ

3.2 機械学習界の救世主「深層学習」

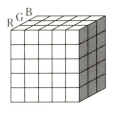　

(a) RGB画像データ　　　(b) 3次元フィルタ

図3・18　RGB画像における畳込みフィルタ

とができ，その場合，パディングと呼ぶ．パディングする画素の厚みは1以上とすることもでき，フィルタのサイズなどにより調整する．また，パディングにより，データサイズや層数を増加または調整できることなどの利点がある．

　これまで，各画素内にそれぞれ1個の値が格納されていることを前提としていた．しかしながら，RGB画像などにおいては，複数の値を考慮する必要がある．すなわち，RGB画像では，図3・18（a）のような奥行きが3の3次元配列データを取り扱う必要がある．この場合，用いるフィルタも図3・18（b）のように奥行3の3次元フィルタとすることで，2次元配列と同様に畳込み処理を行う．

(3) プーリング層

　プーリング層では，畳込み層にてサイズが縮小されたデータを，さらに縮小する．プーリングははじめに，畳込み処理と同様に，確認するサイズとストライドを決定する．ここで，これらをそれぞれ2×2，1とし，図3・18の畳込み結果をプーリングした結果を図3・19に示す．畳込みと同様に，2×2の部分データごとにチェックを行い，4値のうち最大値を出力する．次に，右または下へ移動し，同様の処理を行う．これらの処理を全部分において繰り返し，

3 機械学習の応用

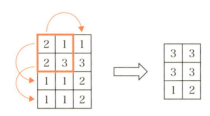

図3・19 最大プーリング

3×2データを出力する．図3・19のように，最大値を出力するプーリング処理を最大プーリングと呼ぶ．他にも，平均値を出力する平均プーリングなど，いくつかのプーリング手法が提案されている．

プーリング処理を行うことにより，画像内における位置のずれなどに柔軟に対応させることができる．

(4) 全結合層

畳込み層とプーリング層では，通常のニューラルネットワークとは異なり，各ユニットに対して，前の層から出力された一部を入力としていた．一方，全結合層におけるユニットは，前層の全ユニットと結合させ，最終的な出力を決定するための学習を行う．すなわち，畳込み層とプーリング層の繰り返しを特徴抽出部として，得られた出力をニューラルネットワークの入力とおき，最適解を学習する．

> **コラム** 「CNNは日本発？！」
>
> CNNの初期モデルとして知られるネオコグニトロンは，1982年に日本人研究者である福島邦彦氏により提案されている．ニューラルネットワーク研究の第一人者の1人である甘利俊一氏らなどのように，多くの日本人研究者の研究が現在の機械学習研究を支えているのである．

3.3 自然言語処理

自然言語処理[38]とは，人間が話をするときや読み書きをするときに用いる言語を計算機によって処理させる技術である．C言語などのようなプログラミング言語と区別するために，自然言語という言葉を用いている．自動翻訳システムや検索エンジンなどにも自然言語処理技術が適用されており，これらのような実利用可能な自然言語処理システムが現在，広く用いられている．ただし，自然言語処理技術は必ずしも機械学習技術を用いるわけではないが，本書では機械学習を用いた自然言語処理を前提とする．本章では，自然言語処理のごく一部の基礎と機械学習を適用するための処理を紹介する．

(i) 解析の種類

自然言語処理では，単に文章をコンピュータに放り込めば，何の処理もなく，操作者の望む結果を得られるわけではない．複数の解析を経て，結果を得る．自然言語処理に必要な解析は①形態素解析②構文解析③意味解析④文脈解析の4種類に大きく分けられる．

(1) 形態素解析

形態素とは，意味が付与されている最小言語単位である．形態素は，自由形態素と拘束形態素の2種類に大きく分けられる．前者は，「本」，「鳥」，「book」，「bird」などのように単独で用いることができる形態素である．一方，後者は，「お話」，「お酒」，「sleeping」の「お−」や「−ing」などのように，単独では用いることができない形態素を指す．形態素解析では，文中の各単語を抽出し（単語分割），それぞれの単語の原形と品詞を抽出する処理である．以下の例文について考えてみよう．

3 機械学習の応用

「私はハンバーガーを1つ食べた.」

上記の例文を単語分割すると,「私／は／ハンバーガー／を／1つ／食べた」と6個の単語に分割することができる. また, 英語に訳すと「I ate a hamburger.」となり, 4個の単語に分割できる. しかしながら, 英語では単語間にスペースがあり, 入力が音声などでなければ, 単語分割を後からする必要性はない. ただし, 英語は日本語に比べて, 形態素解析が容易であるというわけではなく, 英語では「like」などの複数の品詞を持ちうる多品詞語が多く存在し, 後述の品詞決定が日本語以上に重要となる傾向にある. このように, 日本語や英語など異なる言語における形態素解析は, 各言語の特徴によって, 処理手順が異なるため, ある言語において高い処理能力を示したとしても, 他の言語においても同様の性能を必ずしも期待できない. 次に, 単語の原形と品詞を抽出する.「私」(名詞),「は」(助詞),「ハンバーガー」(名詞),「を」(助詞),「1つ」(名詞) という単語は, 語形変化なされていないため, 以上の品詞抽出のみでよい.「食べた」という動詞の原形は「食べる」であり,「食べる＋た→食べた」とすることにより, 過去形へ変化させている. このように, 単語の原形を抽出することで, 対象となる文を構成している単語を理解できる. しかしながら, 各単語の語義, 品詞, 活用形などがなければ, これらの処理はできない. これらの情報をあらかじめ集めた辞書を単語辞書と呼ぶ. また, 単語辞書における意味情報として, 各単語の意味と共に格フレーム (どのような単語と共に使用されやすいかという知識) が含まれる. 例えば,「つく」を漢字変換した場合,「付く」や「着く」が上位候補となるが,「つえでつく」や「ぼうでつく」であれば, 格フレームの情報により,「突く」が最上位候補となる.

3.3 自然言語処理

(2) 構文解析

構文解析では，形態素と呼ばれる言語の最小単位で区分する形態素解析と異なり，句（フレーズ）や文節を単位とし，文の構造（構文構造）を出力する．このとき，一般に，構文構造は木構造である構文木によって表される．通常，言語には文法などの規則が存在し，その規則に従うように文を作成する．例えば，

「I，pen，have，a」

という単語から文を作成する際，文法を無視すれば，$4 \times 3 \times 2 \times 1 = 24$ 通りの文が考えられる．しかしながら，

「I a pen have.」

のような文がおかしいということは一目瞭然だろう．構文解析では，単語の並びが正しくない文の構文構造は出力せず，正しい文のみ出力する．

(3) 意味解析

構文構造では，文が規則に従っているかを判断していた．しかしながら，通常，文法が正しい文章が必ずしも文の意味の観点から正しい文章だとは限らない．以下に例文を挙げる．

①「私はオレンジジュースを飲む.」
②「オレンジジュースは私を飲む.」

上記の例文は共に，構文構造の観点から正しいと考えられる．しか

3 機械学習の応用

しながら，例文②は，ホラー映画またはコメディ映画など以外では，ありえない文である．また，

③「美しい山と海が同時に眺められる.」
④「高い山と海が同時に眺められる.」

という2個の文章は，意味的な観点からも正しいといえる．ここで，例文③の「美しい」と例文④の「高い」の修飾関係を考えてみよう．例文③の「美しい」は「山と」のみ，または「山と」と「海が」という文節に修飾している可能性があり，どちらも文の意味の観点からも正しいといえる．しかしながら，例文④の「高い」が「海が」を修飾しているとすると正しいとはいえない．構文解析の出力結果では，意味的に正しいかどうか判断しないため，これらのような意味の通らない構文構造を多く出力する．そこで，前述の各フレームなどを用いることにより，これらの出力を削除する必要がある．これを意味解析と呼ぶ．

(4) 文脈解析

　これまで説明した各解析では，それぞれ1文のみを対象としている．しかしながら，複数の文から構成される文章では，ある文と他の文の間に関連性が存在する．そのため，文章を解析する際，文脈を理解する必要性がある．この解析を文脈解析と呼ぶ．

　以下の例文を見てみよう．

①「これが機械の故障の原因である.」

上記の例文は，「これ」という代名詞があるため，前文と何かしらの

3.3 自然言語処理

つながりがあると考えられる．しかしながら，例文①のみでは，文が記す詳細が不明確である．そこで，次の文を前文として挿入する．

　　②「動作するために必要不可欠な部品が破損していた.」

例文②により，例文①の「これ」が指す内容を理解できる．このように，ある文の意味を解析するとき，前後の文を考慮する必要がある．

(ii) 機械学習を適用するために必要な準備

これまで，自然言語処理の概要を説明してきた．本節では，自然言語処理に対して機械学習に適用するための準備について説明していく．

(1) データがなければ学習は始まらない‼

機械学習を適用するためには，必ずデータがなければならない．データがなければ，授業や教科書や先生や周辺知識や事前知識も何もない環境で試験勉強することと同様である．一般に自然言語処理では，コーパスと呼ばれる自然言語の用例集を用いる．コーパスは，単語辞書などとは異なり，新聞・ニュースなどの実際に用いられた用例がデータとなっている．特に，語義，品詞，構文構造などのタグが付与されたコーパスをタグ付きコーパスと呼ぶ．

(2) データを機械が読み取れる形式に変化させよう！

データを機械学習器に入力するために，必ず数値で構成されたベクトルに変換させる必要がある．自然言語データをベクトル表現としたときの各特徴を素性と呼び，各特徴量を素性値と呼ぶ．自然言語データの代表的なベクトル変換手法の1つとして，Bag-of-Wordsが挙げられる．この手法では，素性と素性値を各単語と各単語の出現数とする．

3 機械学習の応用

「Do you read this book? Yes, I do.」

上記の文章で現れる単語は，「do」，「you」，「read」，「this」，「book」，「yes」，「I」の7種類である．これらを素性として，Bag-of-Words を用いてベクトル変換すると，頻度ベクトル $x = (2, 1, 1, 1, 1, 1, 1)^T$ で表される．その他のベクトル変換法として，グラムを用いた Bag-of-ngrams がある．n グラムとは，隣り合わせに並んだ n 単語を最小単位とした各グループである．$n = 1, 2, 3$ としたとき，それぞれユニグラム，バイグラム，トリグラムと呼ぶ．前述の例文章の各文が含むバイグラムを抽出すると，「do you」，「you read」，「read this」，「this book」，「yes I」，「I do」の6種類となる．このとき，Bag-of-ngrams を用いてベクトル変換すると，頻度ベクトル $x = (1, 1, 1, 1, 1, 1)^T$ となる．

　ベクトル変換などの他に，文章の前処理など行うことも多いが，本書では省略する．前項で説明したコーパスとベクトル変換などによって，機械学習へ適用することが可能となる．これらの準備が完了後は，対象とする自然言語処理問題に応じて，深層学習やSVMなどの学習アルゴリズムを適用すればよい．

3.4 音声認識

　音声認識[39]とは，人間などの音声を計算機に与えることによって，その音声を認識させる技術である（図3・20）．

　近年，スマートフォンなどの情報端末などにおいて，音声認識機能が広く搭載されている．手入力などを用いたシステムと異なり，音声認識を用いた場合，デバイスなどに触れることなく入力できるため，走っている状態や両手がふさがった状態でも使用できる．た

3.4 音声認識

図3・20 音声認識

だし，起動時における接触は考慮しない．また，話しかけるという動作はタイピングなどに比べて，はるかに高速に入力できる．そのため，単純な入力だけでなく，会議における書き起こしなどの膨大な時間を要する処理に対して，音声認識を用いる研究も多くなされており，現在では実用化されている．これらのことから，音声認識は機械学習において，非常に注目される研究領域の1つである．

(i) 音声を周波数で見る？

一般に，音声認識を行う際，音声に対して周波数解析を行う．すなわち，周波数成分から音声を識別する．どういうことだろうか．ここで，例えとしてよく用いられる光を用いて説明する．太陽の光などは単色ではなく，異なる波長の光，すなわち異なる色が融合してできている．そのため，プリズムなどを通すことにより，各色の光を取り出すことができる．音声においても，同様のことがいえる．音声を分解すると，複数の異なる波長を取り出すことができる．また環境が同じであれば，音の速度はすべて等しいため，「波長を取り出す」＝「周波数を取り出す」となる．この周波数は，発生する音素や発生した人などによって，異なるため，周波数を解析することに

より，音声を識別できる．ここで音素とは，音声の単位であり，母音や半母音や子音などである．

(ii) 音の識別により役立つ特徴のみを抽出してみよう！

音声は，声帯が振動することによって発生し，声道を通ることによって，音に変化をつけている（図3・21）．すなわち，声道の特徴が音声認識において，もっとも重要な要素となる．そのため音声認識では，あらかじめ声帯の特徴と声道の特徴を分離することが一般的である．この分離における代表的な手法の1つとしてケプストラム分析が挙げられる．ケプストラム分析を行うために，はじめにフーリエ変換などによって周波数成分を取り出す．ここで，音声認識では通常，あらかじめ音声をフレームごとに抽出を行い，窓関数を掛けるなどの処理を行うが，説明は省略する．フーリエ変換によって得られたスペクトルは，前述のように，声帯のスペクトルと声道のスペクトルがかけ合わさっている．このままでは，抽出が困難であるため，得られたスペクトルの対数スペクトルを取る．対数は，$\log xy = \log x + \log y$ のように，ある積を対数にすると，対数の和と表せることから，声帯と声道スペクトルの積の対数を取ることにより，和の形に分離することができる．次に，再びフーリエン変換（逆フーリエ変換）することにより，声帯と声道の波形が分離して得ることができる．このとき，得られた特性をケプストラムと呼ぶ．一般に，下から10次元程度のケプストラム成分が

図3・21　音声の生成方法

声道特性を表しており，この成分のみを抽出する．

ⅲ　どうやって識別するの？

前節までに，ケプストラムの抽出など，音声認識をするための事前準備の方法について，説明した．ただ，得られた特徴からどのように識別するのであろうか？　音声データは一般に，時系列データに分類されます．また，同じ単語を同じ人物が発生した場合であっても，発生のたびに発生時間は異なる．すなわち，得られる特徴数も異なる．そのため，通常のニューラルネットワークやSVMなどの取り扱える特徴数が不変となる識別器では，学習困難である（学習アルゴリズムを改良することにより，必ずしも不可能ではないことを注意したい）．この場合，データ全体を伸縮させることにより，全データの特徴数を統一するなどの処理が必要とある．しかしながら，同じ単語の発声において，母音部分などでは，発生の度に時間の観点から伸縮することが考えなれる．すなわち，全体ではなく部分的な伸縮が考えられる．音声認識では，部分的伸縮を考慮した学習や識別を必要とし，広く用いられる手法として，DP（Dynamic Programming）マッチング[40]や隠れマルコフモデル（HMM：Hidden Markov Model）[41]などが挙げられる．また，音声認識は音声に含まれる言語情報を認識することが一般であるため，3.3で説明した自然言語処理と合わせて，取り扱われることが多い．

3.5　本人認証

近年，センサや本人認証アルゴリズムなどの発展により，本人認証システムが広く研究され，実用化されている．

ⅰ　個人認識との区別

個人認識と本人認証はよく混同されることがあるが，異なる

3 機械学習の応用

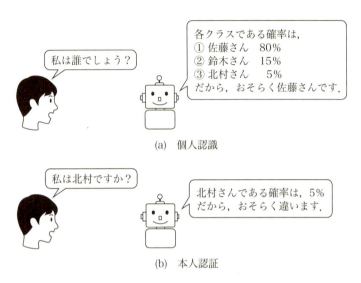

図3・22 個人識別と本人認証の違い

システムである.図3・22に個人認識と本人認証の違いを示す.図3・22(a)のように個人認識では,質問形式が「私は誰でしょう?」となり,機械はあらかじめ記憶(学習)しているクラス(個人)の中で,確率が最大となるクラス(個人)を出力する.一方,図3・22(b)のように本人認証では,「私は〜ですか?」という質問形式であり,出力はYESかNOである.すなわち,個人認識と本人認証の質問は「Am I 〜?」と「Who am I?」という違いがある.

(ii) 生体認証って何?

ICカード認証やパスワード認証は広く本人認証システムに用いられている.しかしながら,これらの認証システムでは,盗難された場合,容易に他人がセキュリティを突破されてしまう.また,本人がICカードを紛失,またはパスワードを忘却するなどのリスクが伴

3.5 本人認証

(a) 指紋認証デバイス
（株式会社ディアイティ
画像提供）

(b) 手のひら静脈認証デバイス
（富士通株式会社画像提供）

(c) 虹彩認証デバイス
（クリテックジャパン株式会社製）

図3・23 生体認証デバイス

う．読者の皆さんも経験ないだろうか．そこで，各個人が持つ情報を用いた生体（バイオメトリクス）認証が近年，注目されている．生体認証は，ICカードやパスワード認証に比べて，盗難・紛失・忘却・模倣のリスクが小さい認証システムである．生体認証に用いられる情報として，顔や指紋や虹彩などの身体的特徴と歩行動作や筆記動作などの行動的特徴に大きく分けられる．3.1で述べたように，センサ技術が向上することにより，多種多様の生体的特徴を取得可能となっており，生体認証用デバイスのほんの一部を図3・23に示す．

3 機械学習の応用

(iii) これからは動作認証も注目されていく

現在，生体認証として広く用いられている特徴は，顔や指紋や静脈などの身体的特徴ではないだろうか．しかしながら，人間が持っている特徴は前節にもあるように行動的特徴がある．つまり，ある同じ動作においても，癖などによって，人ごとに動作が異なる．また，動作は盗難が可能であったとしても，模倣（偽造）が困難である．さらに現在，モーションキャプチャセンサ技術や画像認識技術などの向上により，動作認識システムの開発の敷居が低くなっており，広く研究され，実用化されている．

一方，行動的特徴は本人であっても，認証ごとに動作にずれが生じることや，すべての人が慣れている動作に設定する必要があるため，種類が限られる．また，個人の癖などが不変であることを想定しているため，幼児や小学生などの癖が大きく変化しうる人が利用する環境では，動作認証システムは向いていないことは明らかであるため，逐次学習などの対策を行う必要があると考えられる．

(iv) マルチモーダル生体認証

マルチモーダル生体認証とは，各生体認証システムを単独ではなく，顔認証と音声認証を組み合わせる（図3・24）などのように，複数の生体的特徴を用いた生体認証技術である．顔認証であれば照明環境など，音声認証であれば周囲の騒音環境などにより，認証性能に影響が及ぼされる．これらを組み合わせることにより，各環境による性能劣化のリスクを削減できるため，性能の安定化と向上が期待できる．また，認証に用いる特徴を増やすことにより，セキュリティの観点からも性能向上すると考えられている．

マルチモーダル生体認証において，考慮すべき重要な点として，用いる生体特徴の組み合わせである．図3・24に示したシステムで

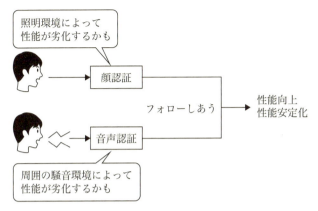

図3・24 マルチモーダル生体認証（顔画像と音声）

は，音声認証機器の前にカメラなどを置き，音声認証実行中に同時に顔認証を同時に行える．このとき認証者は，発声することにのみ集中していればよいため，手間が増えることもない．しかしながら，空中筆記動作認証と音声認証のような場合では，2つの処理を認証者がする必要がある．このため，認証者の手間が増える．また，発声に集中してしまい，筆記動作が本来の動作と異なるなど，一方の生体的特徴に悪影響を及ぼしかねない．そのため，マルチモーダル化する際は，これら2点について考慮した特徴の組み合わせを決定する必要がある．

3.6 こんな未来が訪れるかも

前章まで，機械学習発展に必要なハードウェア，第3次AIブームのきっかけとなった機械学習アルゴリズム「深層学習」，機械学習を用いた応用技術について説明してきた．本章では，AIや機械学習によって広く実用化されうる技術や実用化してほしい技術の一部につ

3 機械学習の応用

いて述べたい.

(i) 授業中は常に監視される?

皆さんは,授業中に談笑や居眠りや別の作業すなわち内職をしたことはないだろうか.そのため,席替えなどで座席が仲の良い友人の近くや教室後方になることを願ったりしたことはないだろうか.例外はあるが,これらを行う多くの学生は,授業担当の教員の目を盗んで行っているだろう.しかしながら,画像・音声認識技術などを取り入れることにより,すべて教員に筒抜けになる未来が来るかもしれない.まぶたがある一定時間を超えて閉じているかどうか,目線が黒板やノートにあるかどうか,ノートに記載している内容は授業に関係しているかどうか,授業の関係のない話をしているかどうかなど,あらかじめ学習された判断基準を基にチェックされうる.現に,このようなシステムは一部で適用されている.また,これは学生のみに関係のあることではない.与えられた業務をこなしているかどうかなど,どのような仕事をする人においても,導入されうるシステムである.ただし,個人的見解では,ストレス増加の原因となりうるため,広く導入されてほしくない.

(ii) 某人気漫画の秘密道具が現実に?

人間のように感情を持ち,現実世界に存在しない道具を数多く持っているロボットが主人公の某人気漫画をご存じだろうか.彼の持っている道具の多くは,非常に魅力的で,現実世界に存在していたらと思うことがしばしばある.しかしながら,これらの道具の一部は,機械学習技術などの発展などにより,模倣可能ではないかと考えられる.例として,本来言葉の通じない外国人とも,食べることにより話すことが可能となる道具が挙げられる.すなわち,オンラインでの翻訳ツールである.もちろん,模倣される際,「食べる」

3.6 こんな未来が訪れるかも

という動作はマイクロフォンとイヤホン等の電子機器をつけるという動作に置き換えられるだろう．現在，音声認識技術や自然言語処理技術や深層学習技術などの発展により，機械学習による翻訳機能が著しく向上している．将来的には，誤訳が極めて少ない翻訳性能を持ち，かつ同時通訳可能となる可能性も考えられる．また，クラウド技術とネットワーク技術の発展により，演算処理などを他の場所で行えるため，大きな機器を持つことなく，マイクロフォンやイヤホンなどのみで同時通訳できるかもしれない．

(iii) 書類審査員はAI？

就職活動などにおいて，多くの場合，書類審査が最初の関門となる．面接を行わず，あらかじめ，ふるいにかけることにより，時間的コストを削減できる．しかしながら，応募者が多数である場合，すべての書類に対して，目を通す労力は計り知れない．また，複数の審査員が分担して書類審査を行う場合，同じ応募書類においても審査結果が異なる可能性もある．もしかすると，同じ審査員であっても，審査する日の気分によって，審査結果が異なる可能性もある．そこで近年，AI技術に目を付けた企業がいくつか存在する．すなわち，書類審査をAIに一任する企業が出現している（図3・25）．

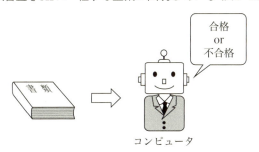

図3・25　AIによる書類審査

AIによる書類審査では，自然言語処理技術により，書類に書かれている内容を読み取り，あらかじめ企業などが設定した基準を満たす内容であるかどうかを，パターン認識により決定する．また，手書き書類による審査であれば，画像認識技術も必要となる．複数のAIまたは機械学習技術を取り込むことで，こうしたことも可能となる．ただし，現段階では，面接官までもAIとすることは実現していないが，近い将来，そうしたAI技術を導入する企業が出てくるかもしれない．そうなった際，入社後に「面接官は〇〇部長だった」という会話が「面接官は多分，新しいバージョンのシステムだった」などという会話に変化するかもしれない．

(iv) ウォークスルー生体認証が広く活用される？！

顔認証や指紋認証をする際，一般的に認証機器の前に一度立ち止まる必要がある．このような場合，認証が面倒であることや認証する人が大勢いれば，行列ができてしまう．身近なウォークスルー型の認証システムとして，鉄道などにおける改札機が挙げられる．改札機では，利用者が歩行と同時に，ICカードなどをかざすことにより，扉が開く．しかしながら，ICカードなどでは，紛失や盗難や忘却などのリスクを伴う．そこで，図3・26(a)のような歩行動作中に手をかざすことによって静脈認証できるウォークスルー静脈認証技術などが開発されている．このシステムが一般化されれば，前述のリスクが極めて低くなるだろう．また，ICカードの利用おける盗難・悪用のリスクを低下させるために，図3・26(b)のようなICカード認証と顔認証を用いたウォークスルーマルチモーダル認証が開発されている．ただし，通常のマルチモーダル認証とは異なり，ICカードという生体認証以外のシステムとのマルチモーダルである．これによって，本来の持ち主以外がICカードを使用できない．また，こ

3.6 こんな未来が訪れるかも

(a) ウォークスルー指静脈認証ゲート（日立製作所ホームページより）

(b) ウォークスルー顔認証（NECホームページより）

図3・26 ウォークスルー認証システム

のようなシステムが広まることにより，ICカードの盗難や悪用などの抑止力となるだろう．

〔v〕 **フレーム問題が解決される?!**

1編において，第1次AIブームを終焉に導いた問題の1つとして，フレーム問題を挙げた．フレーム問題は，現在の第3次AI・ニューラルネットブームにおいても，解消されていない．しかしながら，機

3 機械学習の応用

械学習を含むAI技術の発展により，こちらからデータを与えずとも，コンピュータが必要な情報のみを収集するようになるかもしれない．

3.7 機械学習技術の発展を恐れるな

これまで説明したように，機械学習を筆頭にAI技術は100年足らずで，急速に成長している．さらに今後，成長していくことは明らかである．一方，この成長に対して，危機感を感じる内容を記した記事を目にすることが近年増加してきている．機械学習技術発展によって，これまで人間の手でしていた業務がAIに奪われていくという内容が大半である．著者も，この意見には賛同する．完璧な同時通訳システムが開発されれば，通訳者数は減少し，書類審査をAIが完璧にこなせるようになれば，人事担当も減少するだろう．しかしながら，本当に恐れることであろうか．このようなことは，今に始まったことではないのではなかろうか．PCが普及されてからは，PC関連のビジネスが急速に広まり，スマートフォンやインターネットが広く普及されれば，それらに関するビジネスが急速に広まった．便利な技術が生まれれば，消失する物や仕事も大いに存在するが，同時にたくさんの生まれる物や仕事が存在する．これは，生物が地球に現れてから今まで，継続的に行われてきた流れではないかと著者は考えている．

参考文献

[1] J.J. Hopfield, Neural networks and physical systems with emergent collective computational abilities, Proceedings of the National Academy of Sciences of the United States of America, vol.79, no.8, pp.2554-2558, 1982.

[2] T. Kohonen, The self-organizing map, Neurocomputing, vol.21, no.1–3, pp.1-6（1998）

[3] S. Watanabe, Knowing and guessing: A quantitative study of inference and information, John Wiley & Sons, New York, pp. 376–377, 1969.

[4] W. S. McCulloch and W. Pitts, A logical calculus of the ideas immanent in nervous activity, The Bulletin of Mathematical Biophysics, vol.5, no.4, pp.115-133, 1943.

[5] A.M. Turing, Computing Machinery and Intelligence, Mind, vol. 59, no.236, pp.433-460, 1950.

[6] F. Rosenblatt, The perceptron: A probabilistic model for information storage and organization in the brain, Psychological Review, vol.65, no.6, pp.386-408, 1958.

[7] B. Widrow and M.E. Hoff, Jr., Adaptive switching circuits, IRE WESCON Convention Record, pp.96-104, 1960.

[8] S. Amari, Theory of adaptive pattern classifiers, IEEE Transactions on Electronic Computers, vol.16, no.3, pp.299–307, 1967.

[9] M. Minsky and S. Papert, Perceptoron, M.I.T. Press Perceptrons, Oxford, 1969.

[10] D.H. Ackley, G.E. Hinton, and T.J. Sejnowski, A Learning algorithm for boltzmann machines, Cognitive Science, vol.9, no.1, pp.147-169, 1985.

[11] D.E. Rumelhart, G.E. Hinton, and R.J. Williams, Learning representations by back-propagating errors, Nature, vol.323, no.9, pp.533–536, 1986.

[12] S. Abe, Support vector machines for pattern classification （Advances in pattern recognition）, Springer-Verlag, London, 2010.

[13] G.E. Hinton, S.Osindero, and Y.W Teh, A fast learning algorithm for deep belief nets, Neural Computation, vol.18, no.7, pp.1527-1554, 2006.

[14] K. Pearson, On lines and planes of closest fit to systems of points in space, Philosophical Magazine, vol.2, no.11, pp.559–572, 1901.

[15] H. Hotelling, Analysis of a complex of statistical variables into principal components, Journal of Educational Psychology, vol.24, no.6, pp.417–441, 1933.

[16] A. Hyvärinen, J. Karhunen, and E. Oja, Independent component analysis, John Wiley & Sons, New York, 2001.

[17] R.A. Fisher, The use of multiple measurements in taxonomic problems, Annals of Human genetics, no.7, no.2, pp.179–188, 1936.

[18] T. Cover and P. Hart, Nearest neighbor pattern classification, IEEE Transactions on Information Theory, vol.13, no.1, pp.21-27, 1967.

[19] E.W. Forgy, Cluster analysis of multivariate data: efficiency versus interpretability of classifications, Biometrics, vol.21, no.3, pp. 768–769, 1965.

[20] D. Arthur and S. Vassilvitskii, k-means++: The advantages of careful seeding, Proceedings of the Eighteenth Annual ACM-SIAM Symposium on Discrete Algorithms, pp.1027–1035, 2007.

[21] D. Pelleg, X-means : Extending K-means with efficient estimation of the number of clusters, Proceedings of the Seventeenth International Conference on Machine Learning, pp.727-734, 2000.

[22] S. Watanabe, P.F. Lambert, C.A. Kulikowski, J.L. Buxton, and R. Walker, Evaluation and selection of variables in pattern recognition, Computer and Information Sciences, vol.2, 91-122, 1967.

[23] L. Breiman, J.H. Friedman, R.A. Olshen, and C.J. Stone, Classification and regression trees, Monterey, CA: Wadsworth and Brools, 1984.

[24] J.R. Quinlan, Induction of decision trees, Machine Learning vol.1, no.1, pp.81-106, 1986.

[25] J.R. Quinlan, Improved use of continuous attributes in C4.5, Journal of Artificial Intelligence Research, vol.4, pp.77-90, 1996.

[26] L. Breiman, Bagging predictors, Machine Learning, vol.24, no.2, pp.123-140, 1996.

[27] Y. Freund and R.E. Schapire, Experiments with a new boosting algorithm, Proceedings of the Thirteenth International Conference on Machine Learning, pp.148-156, 1996.

[28] L. Breiman, Random Forests, vol. 45, no. 1, pp. 5–32, 2001.

[29] L.A. Zadeh, Fuzzy sets, Information and Control, vol.8, no.3, pp. 338-353, 1965.

[30] G. Seymour and F.E. William, A predictive approach to model selection, Journal of the American Statistical Association, vol.74, no.365, pp.153-160, 1979.

[31] J. Kennedy and R. Eberhart, Particle swarm optimization, Proceeding of International Conference on Neural Networks (IJCNN1995), pp.1942-1948, 1995.

[32] M. Dorigo and L.M. Gambardella, Ant algorithms for discreate optimization, Artificial Life, vol. 5, no.2, pp.137-172, 1999.

[33] D. Karaboga and B. Basturk, A powerful and efficient algorithm for numerical function optimization: artificial bee colony (ABC) algorithm, Journal of Global Optimization, vol.39, no.3, pp.459-471, 2007.

[34] X.S. Yang and S. Deb, Cuckoo Search via Lévy flights, Nature & Biologically Inspired Computing, no.37, pp.210-214, 2009.

[35] G.E. Hinton and R.R. Salakhutdinov, Reducing the Dimensionality of Data with Neural Networks, Science, vol.313, no.5786, pp.504-507, 2006.

[36] 神嶌 敏弘, 麻生 英樹, 安田 宗樹, 前田 新一, 岡野原 大輔, 岡谷 貴之, 久保 陽太郎, ボレガラ ダヌシカ著：『深層学習』, 近代科学社, 2015.

[37] S. Lawrence, C.L. Giles, A.C. Tsoi, and A.D. Back, Face recognition: a convolutional neural-network approach, IEEE Transactions on Neural Networks, vol.8, no.1, pp.98-113, 1997.

[38] 奥村 学著：『言語処理のための機械学習入門』, コロナ社, 2010.

[39] 古井 貞熙著：『人と対話するコンピュータを創っています　音声認識の最前線』, 角川学芸出版, 2009.

[40] H. Sakoe and S. Chiba, Dynamic programming algorithm optimization for spoken word recognition, IEEE Transactions on Acoustics, Speech, and Signal Processing, vol.26, no.1, 1978.

[41] S.R. Eddy, Hidden Markov models, Current Opinion in Structural Biology, Vol.6, no.3, pp.361-365, 1996.

索　引

アルファベット

ABC（Artificial Bee Colony）94

ACO（Ant Colony Optimization）
.... 92

AGI（Artificial General
Intelligence）..................2

AI（Artificial Intelligence）......1

AlphaGo 102

Bag-of-ngrams.................124

Bag-of-Words 123

BIC（Bayesian Information
Criterion）.................. 52

C4.5 アルゴリズム 80

CART（Classification and
Regression Tree）アルゴリズム
.... 80

CNN（Convolutional Neural
Networks）...................113

CPU（Central Processing Unit）
.... 98

DBN（Deep Belief Network）... 24

Dendral 23

DP（Dynamic Programming）
マッチング.....................127

Employed Bee 94

Fisher 線形判別分析 45

FN（False Negative）.............6

FP（False Positive）.............6

GINI 係数 80

GPGPU（General Purpose GPU）
................................101

GPU（Graphics Processing Unit）
................................100

HMM（Hidden Markov Model）
................................127

ICA（Independent Component
Analysis）.................... 43

ID3 アルゴリズム................. 80

k-means 50

k-means++ 52

k- 最近傍法 49

k- 平均法 50

k- 平均法 ++ 52

l_1 ノルム 36

l_2 ノルム 35

LDA（Linear Discriminant
Analysis）.................... 45

Leave-One-Out（LOO）法 ... 87

LSI 98

L_∞ 距離 37

MAE（Mean Absolute Error）...9

NAI（Narrow Artificial
Intelligence）..................2

NN（Nearest Neighbor）...... 47

NN（Neural Network）......... 47

NP 完全問題 10

n グラム 124

141

Onlooker Bee	94
over-fitting	33
PCA（Principal Component Analysis）	42, 108
PR（Precision-Recall）	6
PSO（Particle Swarm Optimization）	90
ReLU（Rectified Linear Unit）	55
RMSE（Root Mean Squared Error）	9
ROC（Receiver Operating Characteristic）	6
Scout Bee	94
SVM（Support Vector Machine）	24, 64
SVR（Support Vector Regressor）	73
SV（Support Vector）	64
TN（True Negative）	6
TP（True Positive）	6
TPU（Tensor Processing Unit）	102
X-means	52
XOR	57
XOR 問題	20
X- 平均法	52

あ

蟻コロニー最適化	92
アンサンブル学習	24, 76

い

一括学習	31, 60
一対他方式	69
イプシロンチューブ	73
意味解析	119, 121

え

エキスパートシステム	23
エルボー図	52
エルボー法	52
エンコード	108
エントロピー	80

お

オートエンコーダ	106
オンライン学習	31

か

カーネル関数	68
カーネルトリック	68
カーネル法	67
回帰曲線	8
回帰直線	8
回帰問題	8, 27
階層型クラスタリング	50
過学習	33
カクテルパーティ効果	43, 45
確率勾配法	20, 105
確率的勾配降下法	60
隠れマルコフモデル	127
可視化ユニット	111

画像処理装置……………………100
カッコウ探索…………………… 96
活性化関数…………………… 55
関数近似用サポートベクトルマシン
………………………………… 73

き

機械学習…………………………1
逆フーリエ変換…………………126
強化学習…………………… 29
教師あり学習…………………… 26
強識別器……………………… 78
教師データ……………………… 26
教師なし学習………………… 7, 27
局所解………………… 63, 69

く

矩形距離……………… 34
組み合わせ最適化問題……………9
クラス間分散………………… 46
クラスタ………………………7
クラスタリング……… 7, 12, 27, 50
クラス内分散………………… 46
グラム……………………124
群知能……………… 90

け

形式ニューロン……… 18, 53, 56
形態素解析………………119
決定木……………… 79
決定木方式……………… 72
ケプストラム………… 126, 127

ケプストラム分析………………126

こ

拘束形態素………………119
行動的特徴………………129
勾配消失問題………… 105, 106
勾配法……………… 60
構文解析………………119, 121
構文構造………………121
コーパス………………123
誤差逆伝播法……… 23, 61, 105
個人認識………………127
コホーネンネットワーク……… 11

さ

最急降下法……………… 60
最近傍法……………… 47
再現率……………………6
最大プーリング………………118
最尤推定………………111
サポートベクトル……… 64
サポートベクトルマシン… 24, 64

し

軸索……………… 53
シグモイド関数……………… 55
シグモイドニューロン………… 55
次元数……………… 11
次元の呪い……………… 13
自己符号化器………… 106, 107
事前学習………………106
自然言語処理…………… 119, 134

143

質的特徴量……………………… 12
シナプス…………………………… 53
弱識別器…………………………… 77, 79
重回帰問題…………………………8
自由形態素………………………119
樹状突起…………………………… 53
受信者操作特性……………………6
主成分分析………………………… 42
巡回セールスマン問題……… 9, 90
順伝播型ネットワーク………… 58
シルエット図……………………… 52
シルエット法……………………… 52
シングルコア……………………… 99
神経細胞…………………………… 53
人工蜂コロニーアルゴリズム… 94
人工知能…………………………… 1, 18
人工ニューラルネットワーク… 53
深層学習……………… 24, 97, 105
身体的特徴………………………129

す

ストライド………………………115
スパース…………………………… 64
スペクトル………………………126
スラック変数……………………… 66

せ

制限ボルツマンマシン…………111
生体認証…………………………128
積層自己符号化器………………108
ゼロパディング…………………116
線形分離不可能…………………… 12

線形判別分析……………………… 45
線形分離可能……………………… 12
全結合層…………………………118
センサ……………………………102

そ

双曲線正弦関数…………………… 55
ソフトマージンSVM …… 64, 65
ソフトマックス…………………… 55

た

大域的解…………………… 63, 69
大規模集積回路…………………… 98
対数スペクトル…………………126
タグ付きコーパス………………123
多層ニューラルネットワーク
……………………………… 58, 105
多層パーセプトロン……… 54, 58
畳込み層…………………………115
畳込みニューラルネットワーク
…………………………………113
単回帰問題…………………………8
単純パーセプトロン……… 54, 56

ち

チェビシェフ距離………… 37, 38
逐次学習…………………… 31, 60
中央処理装置……………………… 98
チューリングテスト……… 18, 19

て

ディープビリーフネットワーク 24

ディープボルツマンマシン……113
ディープラーニング………24, 105
偵察蜂……………………………94
データマイニング………………16
適合率…………………………………6
適合率 - 再現率曲線………………6
デコード………………………108
テストデータ………………………5
デュアルコア…………………99
転移学習…………………………30

と

動作認証………………………130
同時定式化方式………………71
特徴選択…………………………11, 14
特徴抽出…………………11, 15, 41
特徴抽出法……………………41
特徴変数……………………………11
特徴量……………………………11
独立成分分析……………………43
特化型 AI ……………………………2
トリグラム……………………124
トレードオフ…………………74

に

二乗平均平方根誤差………………9
ニューラルネットワーク
　…………18, 47, 53, 127
ニューロン…………………53

ね

ネオコグニトロン………………118

の

ノンパラメトリック……………41

は

パーセプトロン………………20, 54
ハードマージン SVM …………64
バイオメトリクス………………129
バイグラム……………………124
排他的論理和……………………57
ハイパーパラメータ……………86
バギング…………………………81
外れ値…………………………33
パターン認識…………4, 12, 27
働き蜂…………………………94
発火…………………………53
バックプロパゲーション…23, 61
バッチ学習……………………31
パディング……………………117
ハミング距離……………34, 38
パラメトリック………………41
汎化能力…………………………5
半教師あり学習………………28
汎用型 AI ……………………………2

ひ

非階層型クラスタリング………50

ふ

ファジィ理論……………………85
フィードフォワードニューラルネット
　ワーク………………………58

ブースティング･･･････････････ 82
ブートストラップサンプリング
　　･･･････････････････ 81, 83
フーリエ変換･･･････････････････126
プーリング層･･･････････････････117
不可視ユニット･･･････････････ 111
復号化･･･････････････････････108
符号化･･･････････････････････108
部分空間･･･････････････ 42, 74
部分空間法･･･････････････ 74
フレーム問題･･･････････ 21, 135
分割交差検定法･･･････ 67, 86
文脈解析･･･････････ 119, 122

へ

平均絶対誤差･･･････････････････9
ベイズ情報量基準･･･････････ 52

ほ

傍観蜂･･･････････････････ 94
ホップフィールドネットワーク
　　･･･････････ 11, 23, 110
ボルツマンマシン･･････ 23, 106, 110
本人認証･･･････････････････127

ま

マージン･･･････････････ 64
マージンパラメータ･･･････････ 66
マハラノビス距離･･･････ 34, 39
マルチコア化･･･････ 98, 100
マルチスレッド化･･･････････100
マルチタスク学習･･････････ 30

マルチモーダル化･･････････131
マルチモーダル生体認証･･･････130
マンハッタン距離･･･････ 34, 36, 38

み

醜いアヒルの子の定理･･･････ 17
ミンコフスキー距離･･････････ 38

む

ムーアの法則･･････････････ 98

も

モーションキャプチャセンサ･･･103
モデル選択･･･････････････ 86

ゆ

ユークリッド距離･･･････ 34, 38, 51
尤度関数･･･････････････････111
ユニグラム･･･････････････････124

ら

ランダムフォレスト･･････････ 83
ランプ関数･･･････････････ 55

り

粒子群最適化･･････････････ 90
量的特徴量･･････････････ 12

おわりに

　本書では，機械学習とは何か，人工知能との関係性，どのようなことができるかなどの機械学習に関する基礎から，ニューラルネットワークなどの基本的な学習方式，またそれらを用いた自然言語処理や個人認証などへの応用などについての知識を学習した．また，今後どのような応用がされていくかなどについても考えた．

　機械学習技術は現在，医療分野や囲碁将棋など様々な分野へ適用されているが，まだまだ発展途上の技術であり，今後さらなる発展が大きく見込まれている．現在ではまだ，人工知能や機械学習という技術領域は新しい技術として，多くの人が認識しているのではないだろうか．一方，急速に活用されていく中で，これらの技術はテレビや冷蔵庫やエアコンなどのように当たり前の技術として広がっていくだろうと筆者は考えている．最近の例を挙げるとスマートフォンが挙げられる．スマートフォン発売当時は，通常の携帯電話（ガラケーと呼ばれているもの）で十分という人は少なくなかった．しかし，今や「携帯」と言えば，多くの人がスマートフォンを思い浮かぶだろう．すでにスマートフォンは当たり前の物であり，新しい技術と考えている人は少ないのではないだろうか．機械学習も同様に，様々な機器に実装されていて当たり前の技術となる日も少なくないだろう．

　はじめにも記した通り，筆者はもともと機械学習研究について興味があったわけではなかった．好きな講義の担当教員の研究室がたまたま機械学習研究を行っていたにすぎない．運命的な出会いと言えるだろう．今思い返すと，小学校1年生のときに書いた作文で

将来の夢は「学者」であった．その当時は，なんとなく響きがかっこいいからという安易な理由であったが，現在その夢がかなっていることに，本書を執筆中に気付いた．このように，興味のあることを見つけることは，すべてが偶然であり，皆小さいころから持つ必要もないと筆者は考えられる．そして，本書を読み，あとがきまでたどり着いたという方は少なからず機械学習について興味を持ったということであると考えている．これもまた，偶然である．この偶然だけで終わらせるのではなく，さらに機械学習研究について知りたいという欲求が出ていただければ，筆者にとってこれ以上にない幸福である．

　機械学習の将来について，少し触れたが，まだまだ可能性は無限大にあると考えられ，読者が機械学習研究に興味をもち，さらに可能性を拡げていただきたい．

　おわりに，本書が，機械学習の将来につながるために貢献するとともに，読者に対しても貢献できたことを願い，結びの言葉とさせていただきたい．

2018 年 7 月　著者記す

~~~~~ 著 者 略 歴 ~~~~~
北村　拓也 (きたむら　たくや)

2008年　神戸大学電気電子工学科卒業
2009年　神戸大学工学研究科電気電子工学専攻博士課程前期課程
　　　　修了
2011年　神戸大学工学研究科電気電子工学専攻博士課程後期課程
　　　　修了（博士（工学））
2011年〜　富山高等専門学校助教
　　　　2008年よりサポートベクトルマシンや部分空間法などの学習
　　　　アルゴリズム開発を主とした機械学習研究に従事

© Takuya Kitamura 2018

スッキリ！がってん！　機械学習の本

2018年　7月20日　　第1版第1刷発行

著　者　　北　村　拓　也

発行者　　田　中　久　喜

発 行 所
株式会社　電 気 書 院
ホームページ　www.denkishoin.co.jp
（振替口座　00190-5-18837）
〒101-0051　東京都千代田区神田神保町1-3 ミヤタビル2F
電話(03)5259-9160／FAX(03)5259-9162

印刷　中央精版印刷株式会社
Printed in Japan／ISBN978-4-485-60036-8

• 落丁・乱丁の際は，送料弊社負担にてお取り替えいたします。

JCOPY 〈(社)出版者著作権管理機構　委託出版物〉

本書の無断複写（電子化含む）は著作権法上での例外を除き禁じられています。複写される場合は，そのつど事前に，(社)出版者著作権管理機構（電話：03-3513-6969，FAX：03-3513-6979，e-mail：info@jcopy.or.jp）の許諾を得てください。また本書を代行業者等の第三者に依頼してスキャンやデジタル化することは，たとえ個人や家庭内での利用であっても一切認められません。

［本書の正誤に関するお問い合せ方法は，最終ページをご覧ください］

専門書を読み解くための入門書

スッキリ！がってん！シリーズ

スッキリ！がってん！無線通信の本

ISBN978-4-485-60020-7
B6判167ページ／阪田　史郎［著］
定価＝本体1,200円＋税（送料300円）

無線通信の研究が本格化して約150年を経た現在，無線通信は私たちの産業，社会や日常生活のすみずみにまで深く融け込んでいる．その無線通信の基本原理から主要技術の専門的な内容，将来展望を含めた応用までを包括的かつ体系的に把握できるようまとめた1冊．

スッキリ！がってん！二次電池の本

ISBN978-4-485-60022-1
B6判136ページ／関　勝男［著］
定価＝本体1,200円＋税（送料300円）

二次電池がどのように構成され，どこに使用されているか，どれほど現代社会を支える礎になっているか，今後の社会の発展にどれほど寄与するポテンシャルを備えているか，といった観点から二次電池像をできるかぎり具体的に解説した，入門書．

専門書を読み解くための入門書

スッキリ！がってん！シリーズ

スッキリ！がってん！ 雷の本

ISBN978-4-485-60021-4
B6判91ページ／乾　昭文［著］
定価＝本体1,000円＋税（送料300円）

雷はどうやって発生するでしょう？　雷の発生やその通り道など基本的な雷の話から，種類と特徴など理工学の基礎的な内容までを解説しています．また，農作物に与える影響や雷エネルギーの利用など，雷の影響や今後の研究課題についてもふれています．

スッキリ！がってん！ 感知器の本

ISBN978-4-485-60025-2
B6判173ページ／伊藤　尚・鈴木　和男［著］
定価＝本体1,200円＋税（送料300円）

住宅火災による犠牲者が年々増加していることを受け，平成23年6月までに住宅用火災警報機（感知器の仲間です）を設置する事が義務付けられました．身近になった感知器の種類，原理，構造だけでなく火災や消火に関する知識も習得できます．

専門書を読み解くための入門書

スッキリ！がってん！シリーズ

スッキリ！がってん！ 有機ELの本
ISBN978-4-485-60023-8
B6判162ページ／木村 睦 [著]
定価＝本体1,200円＋税（送料300円）

iPhoneやテレビのディスプレイパネル（一部）が，有機ELという素材でできていることはご存知でしょうか？ そんな素材の考案者が執筆した「有機ELの本」を手にしてください．有機ELがどんなものかがわかると思います．化学が苦手な方も読み進めることができる本です．

スッキリ！がってん！ 燃料電池車の本
ISBN978-4-485-60026-9
B6判149ページ／高橋 良彦 [著]
定価＝本体1,200円＋税（送料300円）

燃料電池車・電気自動車を基礎から学べるよう，徹底的に原理的な事項を解説しています．燃料電池車登場の経緯，構造，システム構成，原理などをわかりやすく解説しています．また，実際に大学で製作した小型燃料電池車についても解説しています．

専門書を読み解くための入門書

スッキリ！がってん！シリーズ

スッキリ！がってん！ 再生可能エネルギーの本

ISBN978-4-485-60028-3
B6判198ページ／豊島　安健［著］
定価＝本体1,200円＋税（送料300円）

再生可能エネルギーとはどういったエネルギーなのか，どうして注目が集まっているのか，それぞれの発電方法の原理や歴史的な発展やこれからについて，初学者向けにまとめられています．

スッキリ！がってん！ 太陽電池の本

ISBN978-4-485-60027-6
B6判147ページ／清水　正文［著］
定価＝本体1,200円＋税（送料300円）

メガソーラだけでなく一般家庭への導入も進んでいる太陽電池．主流となっている太陽電池の構造は？　その動作のしくみは？　今後の展望は？　などの疑問に対して専門的な予備知識などを前提にせずに一気に読み通せる一冊となっています．

専門書を読み解くための入門書

スッキリ！がってん！シリーズ

スッキリ！がってん！ プラズマの本

ISBN978-4-485-60024-5
B6判121ページ／赤松　浩［著］
定価＝本体1,200円＋税（送料300円）

プラズマとは，固体，液体，気体に次ぐ「物質の第4態」で，気体粒子が高エネルギーを受けて電子とイオンに分離し，混在した状態をいいます．その成り立ち，特徴，分類をはじめ，医療や農業，水産業へ広がるプラズマの応用についても紹介しました．

スッキリ！がってん！ 高圧受電設備の本

ISBN978-4-485-60038-2
B6判129ページ／栗田　晃一［著］
定価＝本体1,200円＋税（送料300円）

私たちの周りに目を向けると，様々な場所に存在している高圧受電設備は，一般的に実態を掴むのが難しいものです．この高圧受電設とは何かについて，設備を構成する各機器類を取り上げ，写真・図などを用いてその役割を詳細に解説しています．

書籍の正誤について

万一，内容に誤りと思われる箇所がございましたら，以下の方法でご確認いただきますようお願いいたします．

なお，正誤のお問合せ以外の書籍の内容に関する解説や受験指導などは**行っておりません**．このようなお問合せにつきましては，お答えいたしかねますので，予めご了承ください．

正誤表の確認方法

最新の正誤表は，弊社Webページに掲載しております．「キーワード検索」などを用いて，書籍詳細ページをご覧ください．

正誤表があるものに関しましては，書影の下の方に正誤表をダウンロードできるリンクが表示されます．表示されないものに関しましては，正誤表がございません．

弊社Webページアドレス
http://www.denkishoin.co.jp/

正誤のお問合せ方法

正誤表がない場合，あるいは当該箇所が掲載されていない場合は，書名，版刷，発行年月日，お客様のお名前，ご連絡先を明記の上，具体的な記載場所とお問合せの内容を添えて，下記のいずれかの方法でお問合せください．

回答まで，時間がかかる場合もございますので，予めご了承ください．

郵送先
〒101-0051
東京都千代田区神田神保町1-3
ミヤタビル2F
㈱電気書院　出版部　正誤問合せ係

ファクス番号　**03-5259-9162**

弊社Webページ右上の「**お問い合わせ**」から
http://www.denkishoin.co.jp/

お電話でのお問合せは，承れません

(2015年10月現在)